Praxis der Bauwirtschaft

Herausgegeben von Professor Dr. Karlheinz Pfarr

Karlheinz Pfarr

Trends, Fehlentwicklungen und Delikte in der Bauwirtschaft

Mit 39 Abbildungen

Springer-Verlag Berlin Heidelberg NewYork
London Paris Tokyo 1988

Dr. Karlheinz Pfarr
o. Professor für Bauwirtschaft und Baubetrieb
Technische Universität Berlin

ISBN-13:978-3-642-83383-0   e-ISBN-13:978-3-642-83382-3
DOI: 10.1007/978-3-642-83382-3

CIP-Kurztitelaufnahme der Deutschen Bibliothek
Pfarr, Karlheinz:
Trends, Fehlentwicklungen und Delikte in der Bauwirtschaft / Karlheinz Pfarr. –
Berlin ; Heidelberg ; NewYork ; London ; Paris ; Tokyo : Springer, 1988
  (Praxis der Bauwirtschaft)
  ISBN-13:978-3-642-83383-0

Die Vorgeschichte anstelle eines Vorworts

Im Zusammenhang mit dem Skandal um die Neue Heimat und Affären in der Berliner Bauwirtschaft wurde ich nicht nur von Studenten aufgefordert, "Stellung zu beziehen", sondern auch von Freunden und Bekannten gebeten, ich möchte ihnen das im Zusammenhang erläutern. Bei diesen Diskussionen entstand eine Typologie und ein Fahndungsraster bauwirtschaftlicher Kriminalität. Da ich für viele Vorgänge "historische Wurzeln" liefern konnte, meinte so mancher, ich sollte analog zu meiner "Geschichte der Bauwirtschaft" eine "Kriminalgeschichte der Bauwirtschaft" schreiben.

Bei der Tagung der Projektsteuerer im Frühjahr 1987 habe ich einem größeren Kreis unter dem Thema "Trends, Fehlentwicklungen und Delikte in der Bauwirtschaft" die Zusammenhänge vorgetragen. Viele meinten, das mit Engagement Vorgetragene sollte man auch in Ruhe noch einmal nachlesen können. So ist diese Arbeit entstanden. Informanten brauchte ich keine, denn wer 35 Jahre das Baugeschehen von den verschiedensten Positionen aus beobachten konnte, hat genug gesehen und erkannt. Einige, die draußen "vor Ort" operieren müssen, wissen natürlich noch mehr, als in dem Buch beschrieben wurde. Mir kam es aber gar nicht auf Vollständigkeit an, sondern mehr darauf, die Probleme im Zusammenhang zu sehen und aufzuzeigen, wie nahe Fehlentwicklungen und deliktisches Verhalten beieinander liegen.

Berlin im Januar 1988   Karlheinz Pfarr

Inhaltsverzeichnis

1.0   Einführung

1.1   Vom "strahlenden Schein" der Bauwirtschaftslehre und den "Schattenseiten"

Für viele Studierende stellt sich die Bauwirtschaftslehre mit ihren theoretischen Ansätzen, wie Netzwerktechnik, Kostenprognose-Modellen, operations-research, als das von einer hellen Quelle (der Erkenntnis) ausgehende Licht dar, das zur Erleuchtung für ihre spätere praktische Betätigung dient (vgl. Bild 1)

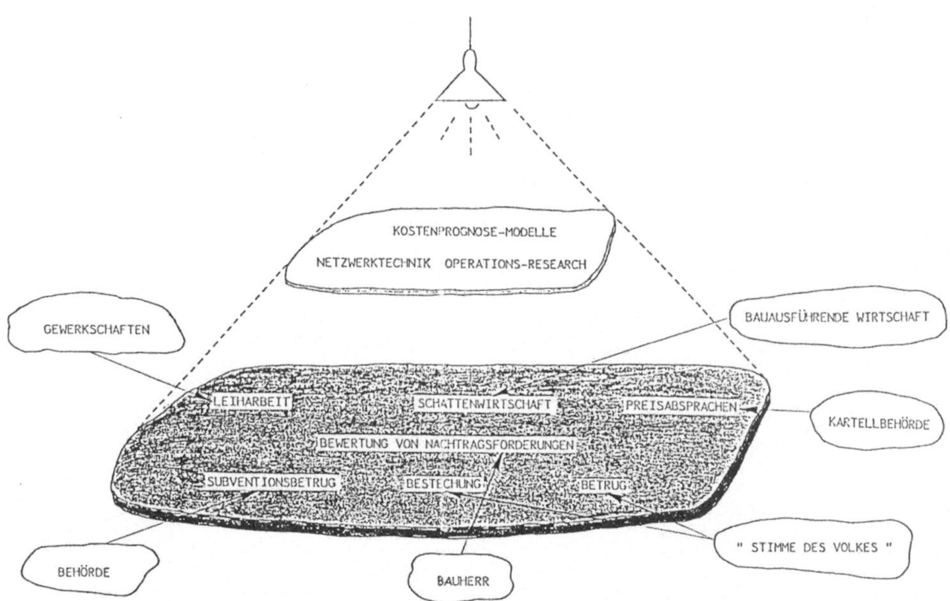

Bild 1:   Bauwirtschaftslehre und Schattenseiten

Offensichtlich werden viele Probleme, die mit der Erstellung von Bauobjekten zusammenhängen, "in den Schatten" gestellt, wobei einige so erheblich sind, daß ihr Verschweigen unverantwortlich wäre. Interessant ist in diesem Zusammenhang, daß bestimmte Institutionen oder gesellschaftlich relevante Gruppen häufig nur ein Problem anprangern:

- die Gewerkschaften die Leiharbeit
- die bauausführende Wirtschaft die Schattenwirtschaft
- die Kartellbehörde die Preisabsprachen
- die "Stimme des Volkes" Betrug und Bestechung
- der Bauherr die Bewertung von Nachtragsforderungen
- die Behörde den Subventionsbetrug,

um nur einige Beispiele zu nennen.

Durch den beruflichen Alltag geläutert, stellt sich dann nach einiger Zeit der Kombinationsprozeß, bestehend aus den Faktoren Arbeit, Betriebsmittel, Werkstoffen und Boden, mit neuen Randerscheinungen dar (vgl. Bild 2).

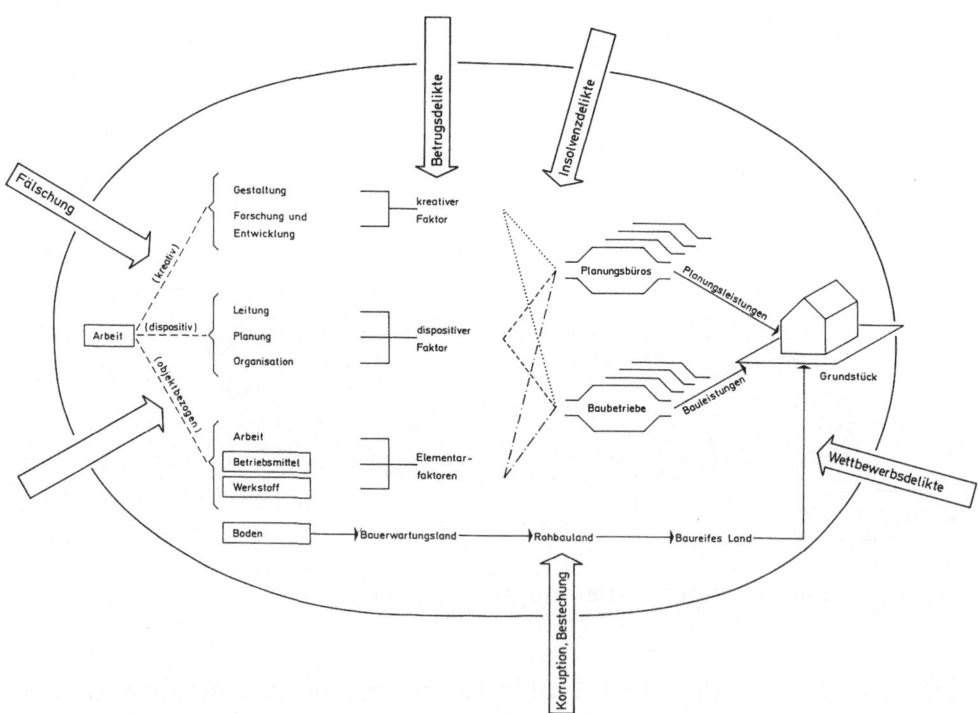

Bild 2: Der bauwirtschaftliche Kombinationsprozeß und die Randerscheinungen

1.2 Klärung der Begriffe

Als Aufgabe der Bauwirtschaft betrachten wir es, die - an dem Baubedarf der Menschen gemessen - bestehende Knappheit zu verringern, indem sie unter Beachtung des Wirtschaftlichkeitsprinzips die vorhandenen Mittel in Richtung auf die Zwecke (Bedarfsordnung) stufenweise umformt und umwandelt und so gestaltet, daß die sich daraus ergebende Ordnung menschlich verantwortet werden kann, nämlich ohne Natur und Gesellschaft dabei zu zerstören. Die Befriedigung dieser Bedürfnisse führt zu Raumansprüchen der Gesellschaft zu gewissen Zeit p u n k t e n und über gewisse Zeit r ä u m e . Sowohl die Bauten, die noch heute unsere Bewunderung erregen als auch die, die nur unvollkommen ihren Zweck erfüllen oder gar störend im Wege stehen, weisen auf die enge Verknüpfung von S t a n d o r t - und Z e i t problem hin.

Unter Bauwirtschaft im weitesten Sinne wollen wir alle Institutionen verstehen, die sich mit der Planung, Durchführung und Nutzung von Bauobjekten befassen. Mit Sicherheit zählen dazu die Planungsbetriebe (Architekten- und Ingenieurbüros) sowie die bauausführenden Betriebe. Ebenso dazu gehören die Bauherren, die als private, gewerbliche oder öffentliche Investoren sich mit der Errichtung und Nutzung von Bauwerken befassen. Dabei wird die Bauwirtschaft als Teilsystem des Gesamtsystems Volkswirtschaft betrachtet (vgl. Bild 3).

Die Bauwirtschaft kann als äußerst komplexes System angesehen werden. An unserer Landkarte (vgl. Bild 4) kann das dem Leser verdeutlicht werden.

Aus Platzgründen konnte nicht alles aufgezeichnet werden:

- Auf den Weidegründen der Juristen wurde nur e i n s c h w a r z e s Schaf und e i n Rindvieh eingezeichnet, obwohl es deren viele gibt,

- Fluchtwege aus der Gewährleistung

- usw.

Was wir aber dem Bild 4 entnehmen können, sind

ELEMENTE:

z. B. Bauherren, Architekten, Beratende Ingenieure, bauausführende Firmen, Prüfbehörden, Bürgerinitiativen

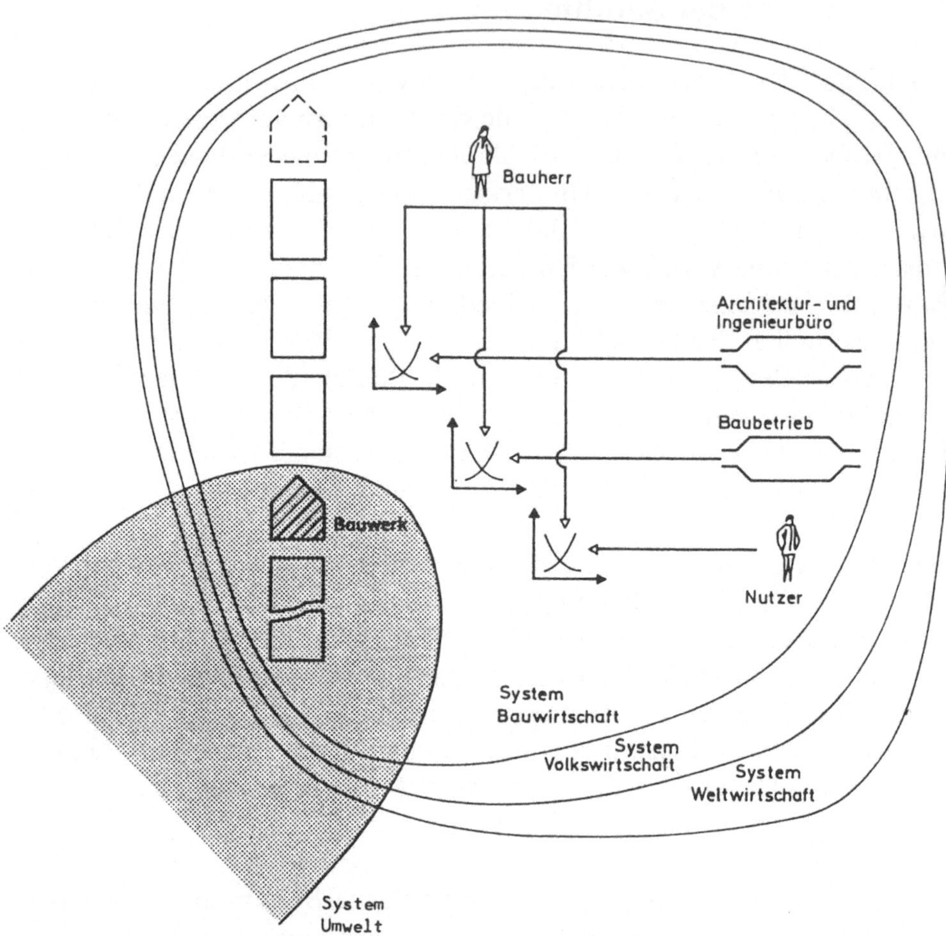

Bild 3: Die Bauwirtschaft und der Systemaspekt

EIGENSCHAFTEN:
- unzulängliche Leistungsbeschreibung
- falsche Mengenangaben
- Baupreisexplosion
- Größenwahn
- anmaßendes Verhalten

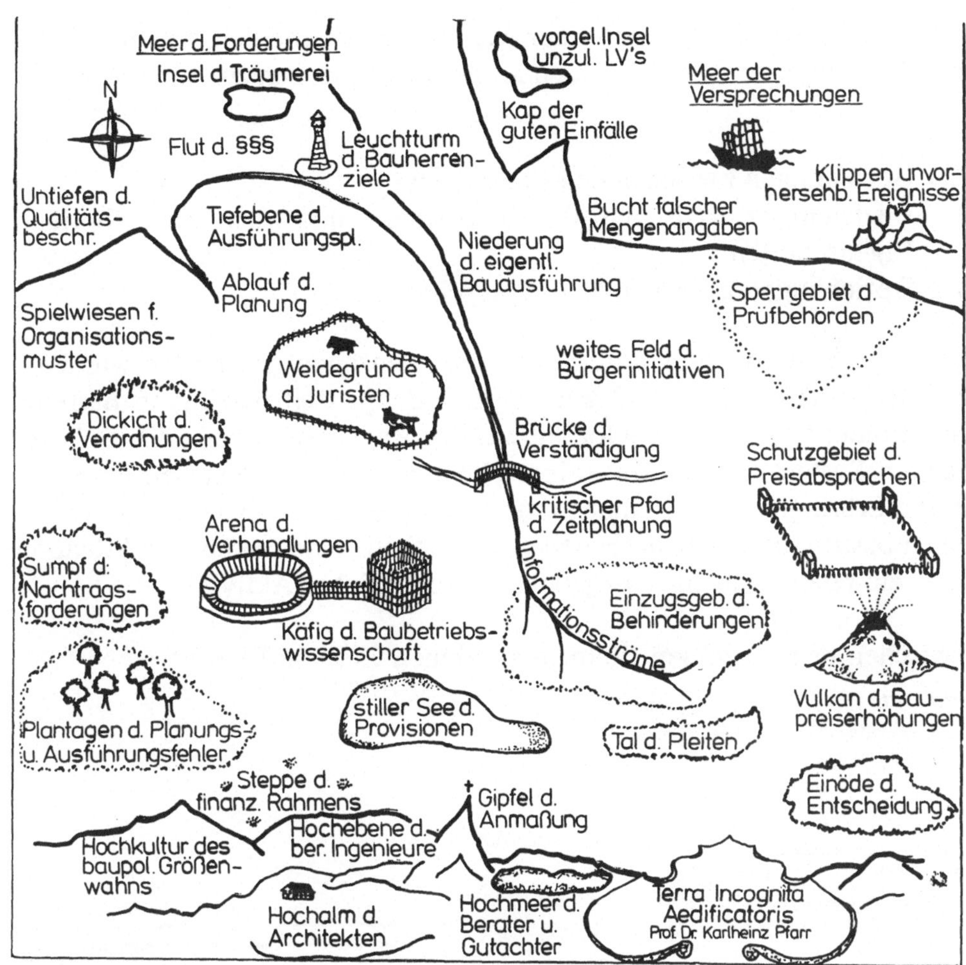

Bild 4: Das unbekannte Territorium des Bauherrn

BEZIEHUNGEN:

- Organisationsmuster (wie GU und GÜ)
- Preisabsprachen
- Informationsströme.

Ein System besteht also aus einer Menge von Elementen, Eigenschaften und Beziehungen, wobei folgende Beziehungstypen zu unterscheiden sind:

1. Beziehungen zwischen den Elementen
2. Beziehungen zwischen den Elementen und den dazugehörigen Eigenschaften
3. Beziehungen zwischen den Eigenschaften.

Konkrete Systeme sind, sofern sie vom Menschen geschaffen wurden - und das trifft für die am Planungs- und Bauprozeß beteiligten Betriebe zu -, immer zweck- und zielorientiert. Der Zweck beschreibt den Beitrag, den ein System als Element seiner Umwelt zu deren Bestehen leistet, z. B. die Erbringung von Planungs- und Bauleistungen. Ziele kennzeichnen einen bestimmten anzustrebenden Endzustand, eine zukünftige Situation bzw. ein relativ günstiges Ergebnis wirtschaftlicher Aktivität.

Zwischen den einzelnen Elementen können Zielkonflikte bestehen (vgl. Bild 5).

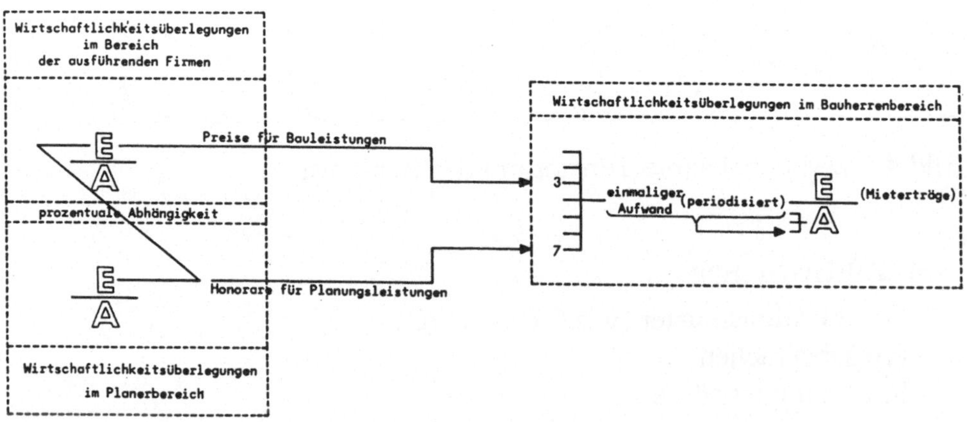

Bild 5:   Planer, Ausführende und Bauherren im Zielkonflikt

Während die Ertragsseite der Planer durch Honorarordnungen festgelegt ist, zwar in einem Mindest-Höchstsatzrahmen, werden die Leistungen der bauausführenden Firmen durch Leistungsbeschreibungen fixiert, von den Firmen kalkuliert (kalkulierter Preis), bei der Submission angeboten (Angebotspreis), mit dem Auftraggeber ausgehandelt (Vertragspreis) und schließlich abgerechnet (Abrechnungspreis). So tritt der Planer für den Bauherrn als "Disponent von Baukosten" auf und ist mit seinem Honorar schließlich von der Höhe der disponierten Kosten abhängig.

Wir können aber auch die im System Bauwirtschaft enthaltenen Elemente in der Weise auffächern (vgl. Bild 6), daß sich der bauwirtschaftliche Herstellungs-, Investitions- und Nutzungsprozeß innerhalb des volkswirtschaftlichen Leistungszusammenhanges wie ein tief "gestaffelter" Vorgang darstellt, der von der N a t u r s p h ä r e bis zur K u l t u r s p h ä r e reicht.

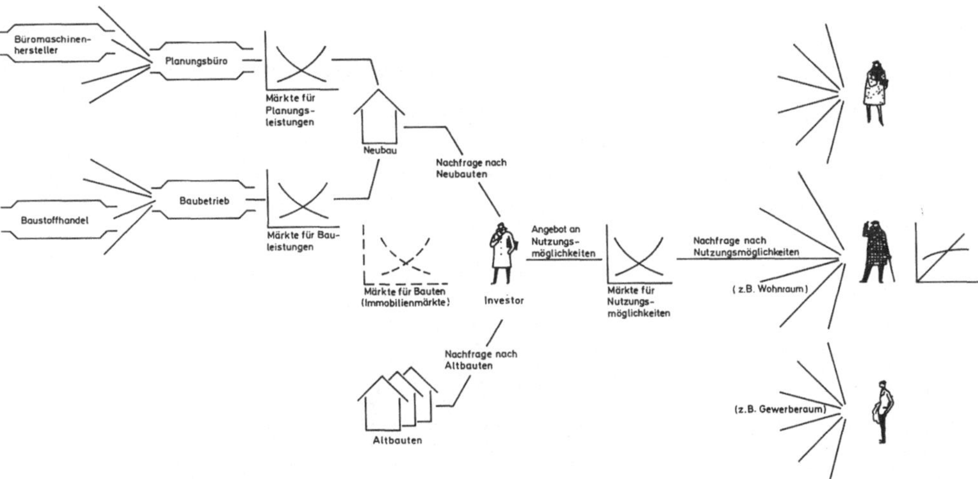

Bild 6: Marktmäßige Vernetzung von Betrieben, Objekten, Investoren und Nutzern

Fragen wir danach, wie wir diese Kette hintereinander liegender Betriebe aufspalten können, so bietet sich eine Dreiteilung an:

I)   der Planungs- und Bauprozeß (Herstellungsprozeß)
II)   der Investitionsprozeß
III)   der Nutzungsprozeß.

Als Trend bezeichnet man allgemein die Richtung oder Tendenz einer Entwicklung. In der Statistik versteht man die unabhängig von rhythmischen (Konjunktur- oder Saison-) Schwankungen beobachtete Grundrichtung einer Zeitreihe (vgl. Bild 7).

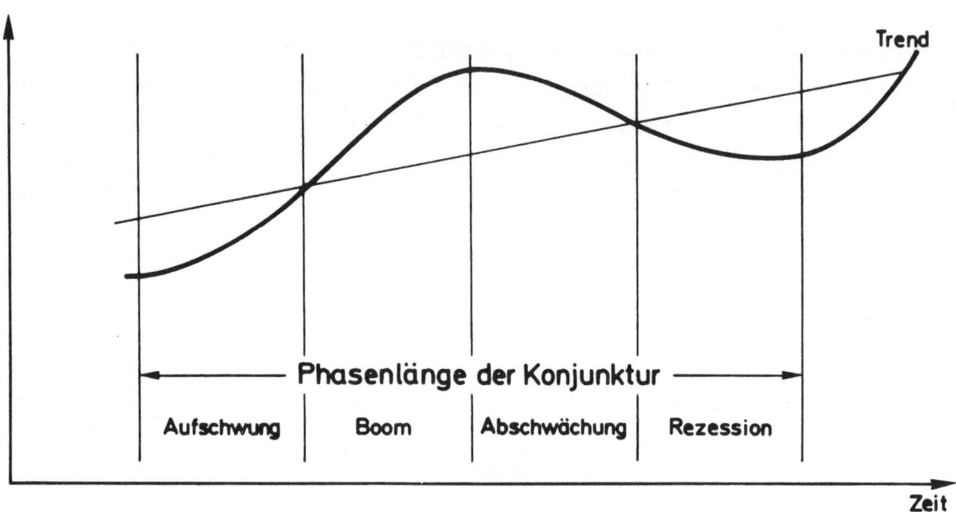

Bild 7:   Trend, Konjunktur und Saisonbewegung

Während der Trend also eine langfristige Entwicklung einer statistischen Zeitreihe ist, die sich über Jahre gleichlaufend darstellen läßt, verläuft die Konjunktur in einem mehr oder weniger regelmäßigen Zyklus, der um den Trend (1) gelagert ist.

Unter Saisonbewegung versteht man die immer an der gleichen Stelle jeden Jahres in ähnlicher Weise nach oben oder unten verlaufende statistische Reihe. Diese periodischen Schwankungen - mit regelmäßiger Wiederkehr - bedingt durch den jahreszeitlichen Rhythmus, sind für die Bauproduktion typisch.

Unter Fehlentwicklungen wollen wir die Entwicklungen in Teilsystemen verstehen, die für sich betrachtet - also isoliert gesehen - einen durchaus positiven Verlauf nehmen, bei der Beurteilung des Gesamtsystems aber anders bewertet oder eingestuft werden müssen.

Der Begriff des "Verbrechens" wird im Schrifttum häufig synonym für den Begriff "strafbare Handlung" oder "Kriminalität" verwendet. Im § 12 StGB werden nur rechtswidrige Taten gemeint, die im Mindestmaß mit Freiheitsstrafe von einem Jahr oder darüber bedroht sind". "Ferner werden im (deutschen) Schrifttum regelmäßig die Begriffe "Straftat" und "Delikt" synonym benutzt. Ganz korrekt ist das ebenfalls nicht, weil sich das Wort "Delikt" inhaltlich vom englischen Begriff "delinquency" ableitet, der auch Verhaltensweisen geringeren Unrechtsgehalts mit einschließt: etwa Schule schwänzen, Herumstreunen oder Ungehorsam gegenüber Eltern" (2).

So werden O r d n u n g s w i d r i g k e i t e n (bedroht mit Geldbuße) dem strafrechtlichen Verbrechensbegriff nicht zugeordnet. Aber schon darüber ließe sich streiten, da das Ordnungswidrigkeitenrecht - wie das Strafrecht - dem Schutz bestimmter Rechtsgüter dient und nur quantitative Unterschiede bestehen.

Wirtschaftsdelikte und/oder Wirtschaftskriminalität sind Begriffe, die wenig präzisiert sind. Auch im Ersten Gesetz zur Bekämpfung der Wirtschaftskriminalität (s. Bundesgesetzblatt I, S. 2034 - 2041 vom 6.8.1976) hat der Gesetzgeber die Frage, was Wirtschaftskriminalität ist, offengelassen. Sieben/Poerting gebrauchen die Begriffe Wirtschaftsdelikte und Wirtschaftskriminalität synonym und verstehen "darunter nicht nur strafbare Handlungen, sondern auch Ordnungswidrigkeiten und zivilrechtliche Verstöße, die zu Unterlassungsansprüchen und gegebenenfalls zu Schadensersatzansprüchen führen" (3).

Und Heinz Langen meint:
"Man könnte also Wirtschaftskriminalität etwa umschreiben als die Gesamtheit aller strafbaren Handlungen, die die wirtschaftliche Ordnung dadurch stören oder gefährden, daß der Täter erstens das im wirtschaftlichen Verkehr übliche oder erforderliche Vertrauen der Wirtschaftssubjekte ausnutzt und mißbraucht oder zweitens Vorschriften über die Aufrechterhaltung der wirtschaftlichen Ordnung mißachtet.

Der erste Teil der Definition bezieht sich auf Delikte wie Untreue, Unterschlagung, Bestechung, Betrug usw., während der zweite Teil deliktische Handlungen wie zum Beispiel Verstöße gegen Preisauszeichnungsvorschriften oder Ordnungswidrigkeiten der Buchführung im Konkursfalle umfaßt, für die Vertrauensmißbrauch nicht Voraussetzung ist. Freilich bietet das Bild der Wirtschaftskriminalität eine vielfältige Palette von Vergehensformen, die nur mit Schwierigkeiten in einer logisch einwandfreien und unangreifbaren Begriffsdefinition summiert werden können. Und der mit diesen Straftaten Befaßte wird immer wieder mit der Tatsache konfrontiert, daß der Versuch einer solchen Subsumtion, wie er ja für die Verbrechensbeurteilung maßgebend ist, scheitert und daher der besonders raffiniert operierende Täter straffrei ausgeht." (4)

Sieben/Poerting schlagen folgende Systematik vor, die für unsere Fragestellung auszugsweise aufbereitet wurde.

WETTBEWERBSDELIKTE

- Unlauterer Wettbewerb
  * irreführende Werbung

- Kartellverstöße
  * Kartellabsprache
  * Mißbrauch einer marktbeherrschenden Stellung

BETRUGSDELIKTE

- Versicherungsbetrug
- Immobilien-, Grundstücks- und Baubetrug
- Anleger- und Beteiligungsbetrug bei
  Abschreibungsgesellschaften
- Schwindelfirmen
- Finanzierungsbetrug
  * bei der Umschuldung

INSOLVENZDELIKTE

EIGENTUMS- UND TREUBRUCHDELIKTE IM WIRTSCHAFTS-LEBEN

- Diebstahl
- Unterschlagung - Untreue

VERSTÖSSE GEGEN DIE WIRTSCHAFTSORDNUNG

- Verstöße gegen die Gewerbeordnung
- Verstöße gegen berufsständische Vorschriften

ABGABEN- und SUBVENTIONSDELIKTE

- Steuerdelikte
- Sozialabgabenhinterziehung
- Subventionsschwindel

SONSTIGE WIRTSCHAFTSDELIKTE

- Korruption, Bestechung; Ausbeutung, Wucher; Sabotage.

Bauwirtschaftlich relevant für diese Betrachtung sind für uns die Gesamtheit der gewaltlos verübten Delikte, die von der Beschaffungsseite der planenden und ausführenden Betriebe bis zum letzten Konsumenten (als Nachfrager von Nutzungsmöglichkeiten) reichen (vgl. Bild 8), und die durch eine illegale Ausnützung der "Gestaltungs"-Möglichkeiten des Rechts- und Wirtschaftsverkehrs neben einer Schädigung von Interessen des Einzelnen, von Gruppen und des Staates die Gesellschaftsordnung gefährden und damit nicht nur Branchenprobleme aufwerfen.

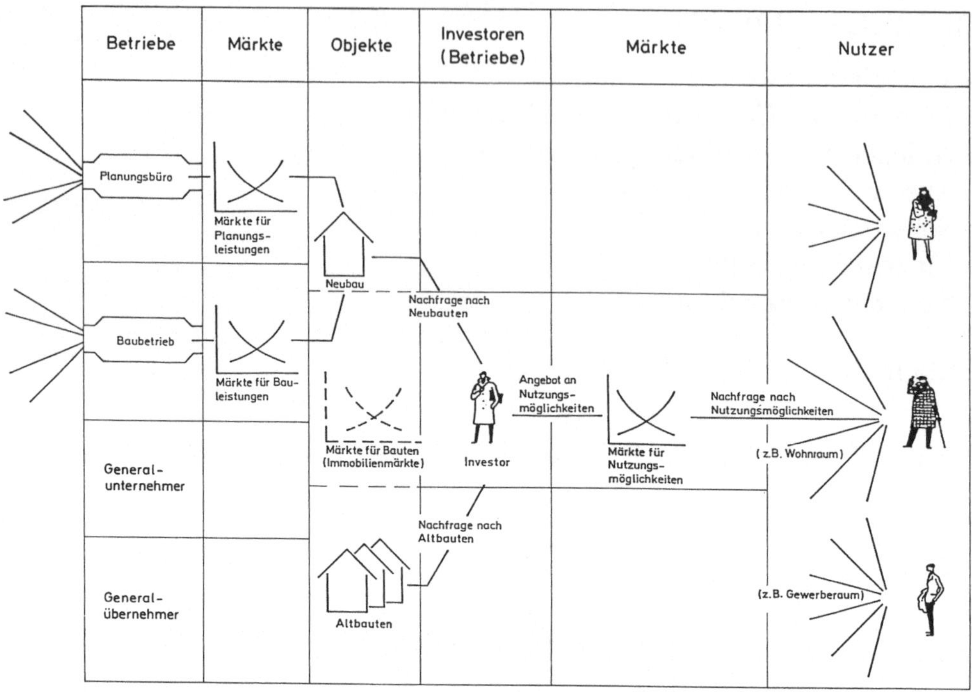

Bild 8: "Fahndungsraster" für Fehlentwicklungen und Delikte

Bauwirtschaftliche Delikte werden nicht nur in den angegebenen Feldern begangen, sondern sind innerhalb der Institutionen in allen Funktionen denkbar. Betrug, Fälschung, Diebstahl, Unterschlagung, Veruntreuung, Erpressung, Buchführungs- und Bilanzdelikte kommen in allen Ebenen der Betriebshierarchie vor. Sie sollen innerhalb dieser Studie nicht untersucht werden, weil sie bis auf einige Ausnahmen nicht branchenspezifisch sind, sondern bei allen Betrieben in einer Volkswirtschaft auftreten können.

Mittel dagegen sind KONTROLLE und REVISION.

Ebenfalls nicht behandelt werden sollen hier die Zusammenhänge von Wohnhausarchitektur/Gebäudekonzeption und Kriminalität.

Der Grund, im 4. Kapitel Fehlentwicklungen und Delikte in einem Satz zu verbinden, liegt in der Gleichartigkeit legalen und kriminellen Vorgehens über weite Strecken der Wirtschaftsstraftat.

Legitime wirtschaftliche Aktivitäten und deliktische Ansätze lassen sich häufig nur mit Mühe oder überhaupt nicht unterscheiden.

Der Wirtschaftsstraftäter ist geradezu dadurch charakterisiert, daß er in den Vermögensbereich des Geschädigten rechtswidrig eingreift und dabei den Anschein eines legitimen Vorgehens erweckt, indem er den Informationsstrom manipuliert.

Dafür gibt es zwei Möglichkeiten:
1. die Unterdrückung vorhandener Informationen
2. die Verfälschung oder Fabrikation von Informationen.

Schwierig ist dabei das Nebeneinander von großen Mengen "legaler" und verschwindend geringer Mengen "manipulierter" Information.

Informationen sollen wahr sein. Die Wahrheit ist allerdings in zwei Versionen lieferbar: es gibt die REINE und die VOLLE Wahrheit.

Die reine Wahrheit sagt, wer von seinen vielen Einsern im Zeugnis schwärmt; die volle Wahrheit zu offenbaren verlangt, auch die Fünfen zu nennen.

Im Umgang mit den Informationen pflegen die Menschen bei der Informationsbeschaffung darauf bedacht zu sein, die volle Wahrheit zu erfahren. In der Weitergabe von Informationen - vor allem, wenn sie eine persönliche Beziehung dazu haben - bevorzugen sie, sich auf die Übermittlung der reinen Wahrheit zu beschränken. Aus dem hierdurch erzielbaren Transferierungsgewinn versuchen alle am Planungs- und Bauprozeß Beteiligten ihren Nutzen zu ziehen.

Bei Bauentscheidungen benötigt man viele Informationen, und es geht nicht um "einige Minuten" wie bei der Navigation, sondern um einen "Vorhaltewinkel" von Jahren, und die Hindernisse, die sich da auftun, sind meist keine Fixpunkte, sondern kreuz und quer fahrende kleine und große Schiffe (Politiker, Beamte, Konkurrenten, Partner), deren Bewegungen und Richtungsänderungen man nur schwer prognostizieren kann, es sich aber "lohnt", die volle Wahrheit zu wissen.

2.0 Trends in der Bauwirtschaft

2.1 Entwicklungstendenzen des Gesamtsystems und der Bauwirtschaft

Betrachten wir die Zeit nach dem 2. Weltkrieg aus gesamtwirtschaftlicher Sicht, dann können wir diese in vier Phasen einteilen (vgl. Bild 9).

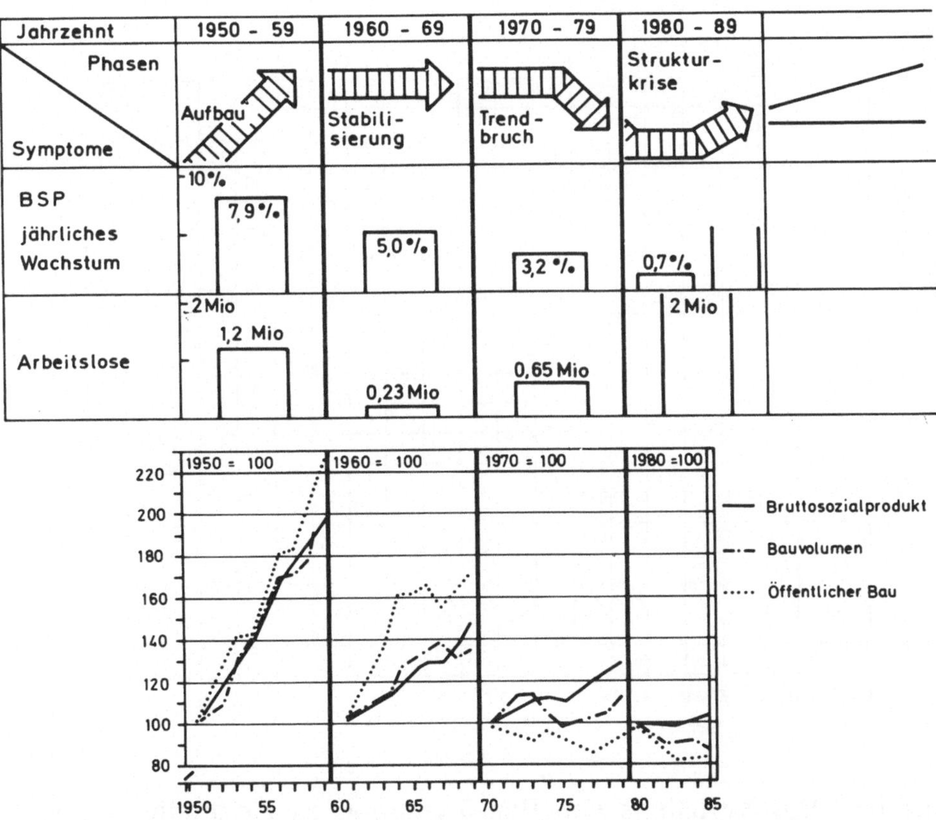

Bild 9: Bruttosozialprodukt, Arbeitslose und Bauvolumen nach dem 2. Weltkrieg

Für das Bauvolumen ergeben sich in den gleichen Zeiträumen

1950 - 59 = 8 %
1960 - 69 = 4 %   jährliche Steigerung.
1970 - 79 = 2 %

Interessant ist in diesem Zusammenhang, wenn man das Verhältnis der Investitionen (Bau) zu den gesamten Investitionen auf der Ordinate aufträgt und das Volkseinkommen je Einwohner auf der Abszisse (vgl. Bild 10), dann zeigt sich nämlich, daß sich in den drei Jahrzehnten von 1950 bis 1980 das Volkseinkommen je Einwohner rund jedes Mal verdoppelt hat, daß aber das Verhältnis von I Bau / I Ges. sich in dem schmalen Korridor von 60 - 65 % bewegt.

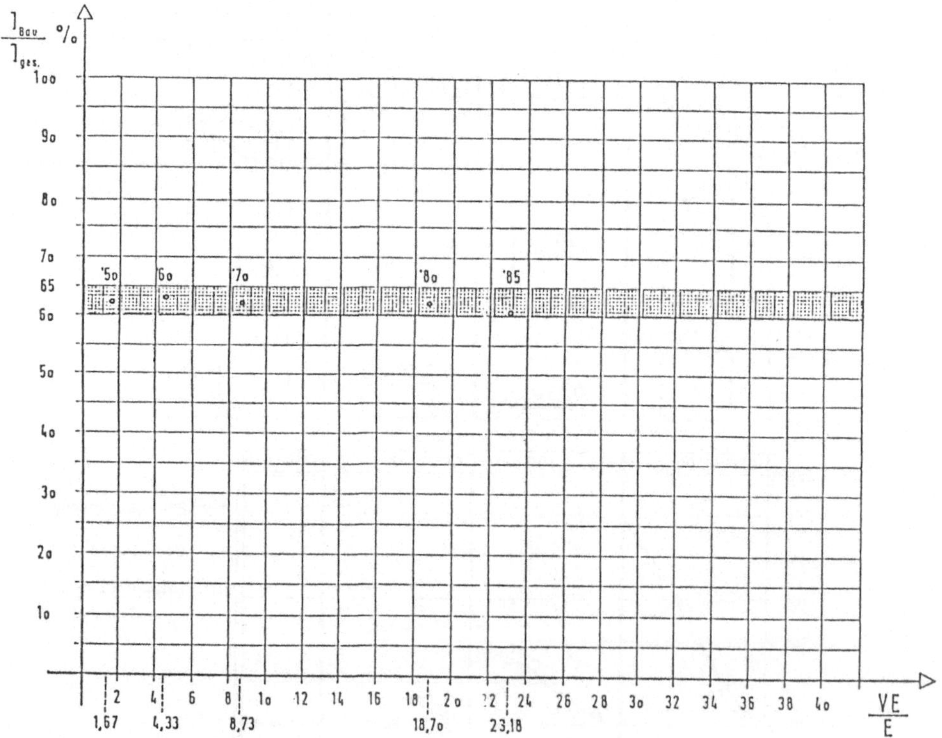

Bild 10: Das Verhältnis von Bau-Investition zu Gesamtinvestition in Abhängigkeit vom Volkseinkommen je Einwohner

Da aber gleichzeitig die Bruttoanlageinvestitionen je Einwohner zurück-
gegangen sind (vgl. Bild 11), hätte man den Trendbruch schon früher
ausmachen können.

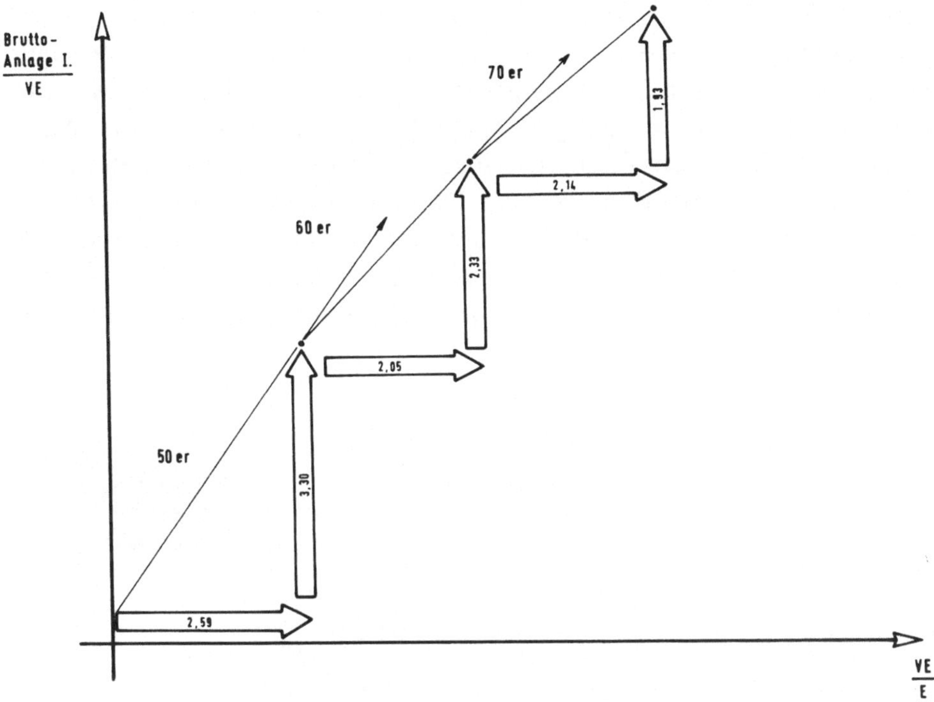

Bild 11:   Bruttoanlage-Investition im Verhältnis zum Volkseinkommen
je Einwohner

Wie stand es um die Baukostenentwicklung?

In der Aufbauphase stiegen die Baukosten noch mäßig an. Die 60er Jahre
- obwohl schon als Stabilisierung bezeichnet - waren jedoch von steigen-
den Baukosten geprägt. Die Suche nach dem "Betongold" brachte den
Bauboom Anfang der 70er Jahre. Während das Nominalvermögen durch
die Inflation entwertet wurde, versprachen die kräftigen Baupreissteigerungen - neben der Substanzsicherung - auch Erträge abzuwerfen.
Gehandelt wurde nach dem Slogan: "Bauen ist billiger als Warten".

In Bild 12 haben wir einige Probleme eingezeichnet. Die unmittelbare Zeit nach dem 2. Weltkrieg wurde bestimmt durch betrügerische Wohnungsvermittlung, verlorene Baukostenzuschüsse oder Mietvorauszahlungen. Dann setzte etwas ein, was in Fachkreisen auch als Schneeballsystem bezeichnet wurde, damit eng verbunden das Problem der Bauträgeruntreue. 1968 wurde die kumulative Allphasensteuer durch die Mehrwertsteuer ersetzt. Der etwa 1969 einsetzende Bauboom ließ die Baupreise in zweistelligen Jahresraten ansteigen. 1973/75 hatten wir die zweite Baurezession mit einigen spektakulären Insolvenzfällen. Nach einer etwa zweijährigen Stagnation setzte 1977 erneut ein Bauboom ein, der 1981 in eine dritte Baurezession überging. Es begann eine Zeit der konjunkturellen Abschwächung, in der sich vor allem in der Bauwirtschaft herausstellte, wer unter betriebswirtschaftlichen und volkswirtschaftlichen Aspekten vernünftig geplant, organisiert und finanziert hatte.

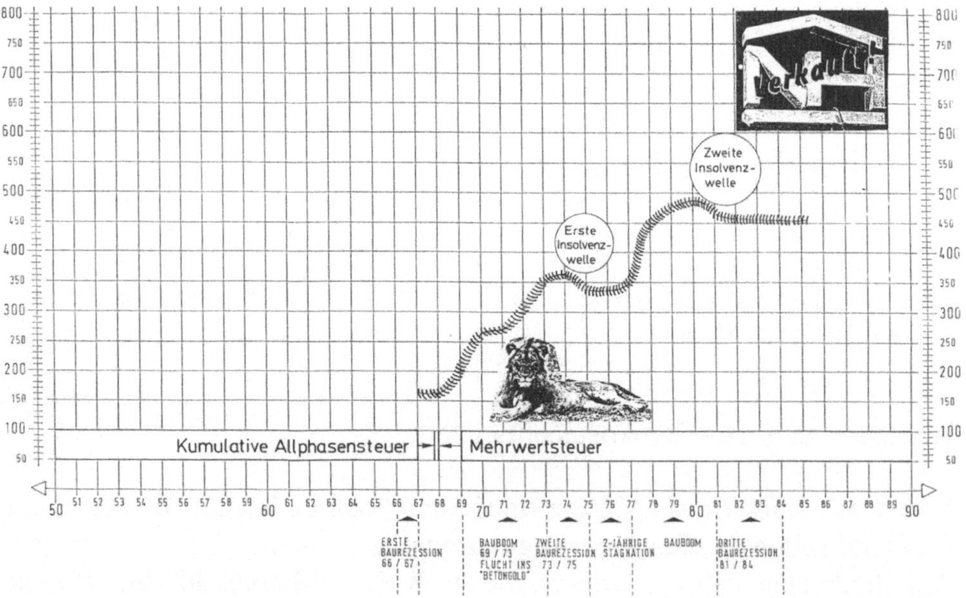

Bild 12: Einige markante Erscheinungen im Zeitverlauf, dargestellt an der Kostenentwicklung im Objektbereich Verwaltungsbau

Nachdem bei vielen Beobachtern dieser Anstieg des Wirtschaftswachstums als normal angesehen wurde, wurde der Mitte der 70er Jahre einsetzende Trendbruch und die darauf folgende Strukturkrise als Ausnahme angesehen (vgl. Bild 13).

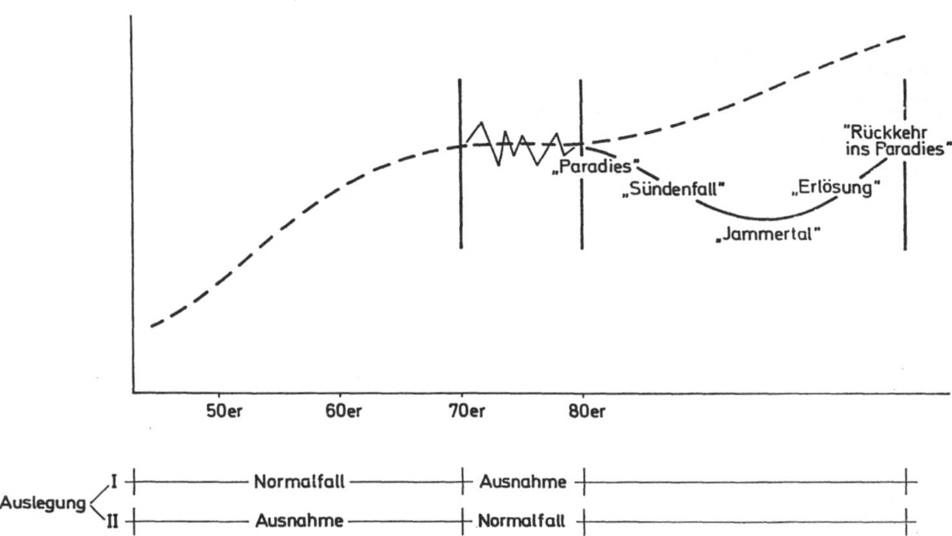

Bild 13:   Zwei Interpretationsmöglichkeiten des Wirtschaftswachstums

Eine andere Auslegung wäre nämlich die, daß die 50er, 60er und bis Mitte der 70er Jahre als Ausnahme und die letzten Jahre als Normalfall angesehen werden müßten.

Während von 1945 bis 1975 über Wiederaufbau, Produktivitätssteigerung und Expansion der Unternehmungen sowie dem Streben der Bevölkerung nach mehr materiellem Wohlstand weitgehender Konsens bestand, wurde seit 1975 der Glaube an den Nutzen der Wissenschaft und Technik, an die Möglichkeit eines kontinuierlichen wirtschaftlichen Wachstums und an die Machbarkeit der Zukunft in Frage gestellt.

Dazu trug auch das Denkschema (Ursache - Wirkung) bei, d. h. das Denken in Wirkungsketten und das Trennen in Fachgebiete verdeckte die Beziehungen und Zusammenhänge.

Dagegen wird durch das Systemdenken das Denken in Wirkungsnetzen erleichtert.

Zunehmende Systemvermaschung bedeutet, daß die immer zahlreicheren gesellschaftlichen Subsysteme sich gegenseitig immer häufiger in die Quere geraten, gleichsam nach allen Seiten "ausfransen".

Inwieweit die verschiedenen gesellschaftlichen Subsysteme über ihre Systemgrenzen hinweg miteinander zusammenhängen, können nur noch Experten beurteilen.

2.2   Entwicklungstendenzen in den Teilsystemen

Wir hatten weiter oben - in den Bildern 3 und 6 - das System Bauwirt-
schaft in Teil- oder Untersysteme aufgelöst. In Bild 14 sollen nun für den
Sektor Wohnungsbau einige Rasterfelder hinsichtlich der quantitativen
Entwicklung in den letzten drei Jahrzehnten dargestellt werden.

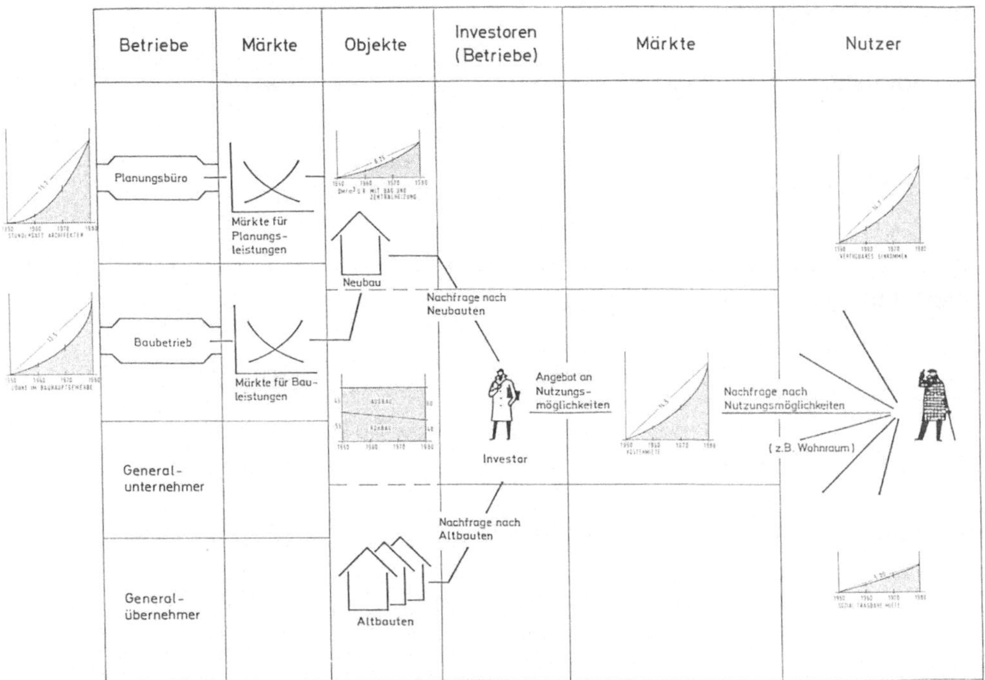

Bild 14:   Kostenentwicklung in den Teilsystemen

Für den Ingenieurstundensatz (Architekt) ergaben sich ohne Gewinn- und
Wagniszuschlag und Mehrwertsteuer folgende Werte:

	1950	1980
Gehalt	600,-	4.600,-
Zuschläge	336,- (56 %)	5.750,- (125 %)
	936,-	10.350,-
monatliche Stundenzahl	220	160
Stundensatz	4,25	64,70

Das heißt, es hat eine Steigerung um das 15-fache gegeben.

Für die Löhne im Bauhauptgewerbe (wieder ohne Gewinn und Mehrwertsteuer) erhalten wir folgende Tabelle:

	1950	1980
Tariflohn je Stunde	1,51	13,38
Zuschläge	0,90 (60 %)	18,86 (141 %)
	2,41	32,24

Hier betrug die Steigerung etwa das 13,5-fache.

Gehen wir in das Feld Objekte und fragen nach den Kosten im Wohnungsbau (DM/m^3 BRI mit Bad und Zentralheizung), so erhalten wir folgende Übersicht:

	1950	1980
DM/m^3 BRI	48,-	300,-

Obwohl sich das Verhältnis von Ausbau zu Rohbau "umgedreht" hatte, waren die Baukosten nur um das 6,25-fache gestiegen.

Während die verfügbaren Einkommen im selben Verhältnis wie die Kostenmieten stiegen, ist die sozial tragbare Miete nur um das 5-fache gestiegen.

Was der Mieter an Miete sparte, trug er in andere Verwendungsbereiche ("Freßwelle", "Bekleidungswelle", "Motorisierungswelle", "Reisewelle" usw.).

Die ständige Vermengung von Wohnungsbau- und sozialpolitischer Zielsetzung ist einer der wichtigsten Gründe für Fehlentscheidungen im Wohnungsbau. Subventioniertes Wohnen gehört in den Bereich der Sozialpolitik.

Baupolitik ist für alle da. Sozialpolitik kann und darf immer nur eine Politik für Minderheiten sein.

Außerdem ist es wenig sinnvoll, immer nur auf eine bestimmte Mietquote zu starren, wenn es in der Verwendungsstruktur der verfügbaren Einkommen Ausgabensegmente gibt, die eventuell unsere Umwelt unnötig belasten und uns zu neuen Infrastrukturmaßnahmen zwingen.

Natürlich kann man die Miete in Prozenten des Einkommens ausdrücken, aber schon nicht mehr den Bedarf in Prozenten der Bedürfnisse und die Bedürfnisse in Prozenten der Wünsche. Es gibt weder einen Nullpunkt menschlicher Bedürfnisse noch einen Sättigungspunkt sämtlicher Wünsche.

Alle geometrischen Maße müssen versagen, hier stößt die Ökonomie an die Grenzen der Psychologie, sie muß vor der Erkenntnis der menschlichen Natur haltmachen.

3.0 Zur Typologie kostenrechnerischer Grundsätze der am Planungs-, Bau- und Investitionsprozeß beteiligten Betriebe und deren "Zusammenspiel"

Da wir uns im 4. Kapitel mit Fehlentwicklungen und Delikten auseinandersetzen wollen und dabei immer wieder auf diverse Wurzeln (z. B. dem Macht- und Gewinnstreben) stoßen, könnte der Eindruck entstehen, der Verfasser hätte ein gestörtes Verhältnis zum erwerbswirtschaftlichen Prinzip. Daher sollen auf den folgenden Seiten einige Grundsätze dargestellt werden.

Gehen wir von Bild 8 aus, bei dem wir ein Raster über das System Bauwirtschaft gelegt haben, so sehen wir, wie sich Betriebe und Märkte der verschiedensten Art "abwechseln". Für die BETRIEBE (der ersten Front), d. h. Planungsbüros, Baubetriebe, Generalunternehmer und -übernehmer, gilt das sog. ERWERBSWIRTSCHAFTLICHE PRINZIP, das sich formelmäßig wie folgt ausdrücken läßt:

$$\text{Kosten} \begin{array}{c} + \text{Gewinn} \\ \\ - \text{Verlust} \end{array} = \text{Preis} \quad \text{(Erlös für erbrachte Leistung)}$$

Der Preis ist die geldmäßige Gegenleistung für die Einheit oder eine Mehrheit angestrebter, angebotener oder erhaltener Dienst- oder Sachleistungen. Auch Honorare sind eben Preise für Planungsleistungen, selbst wenn sie einer gültigen Honorarordnung entnommen werden.

Preise werden am Markt gefordert und bezahlt. Kosten werden im Betrieb aufgewendet und verrechnet. Aus Preisen (man vergleiche die Kette in Bild 8) werden Kosten, aus Kosten werden Preise. Kosten sind das unvermeidliche Zwischenglied zwischen Preis und Preis. Die Verkehrsakte, die sich von Betrieb zu Betrieb abspielen, sind im wesentlichen Wirtschaftsvorgänge, denen die Geldform eigen ist. Diese Eigenschaft kann nicht weggenommen werden. Nimmt man aus der Verkehrswirtschaft das Geld, so bleibt nichts übrig.

Preise sind auszuhandeln und für Wirtschaftsvorgänge (Kaufgeschäfte) unentbehrlich. Kosten sind auszurechnen und für Herstellungsvorgänge nützlich, jedoch nicht unentbehrlich. Die Verrechnung nach Ursprung,

Produktionsanteil und Deckung im Erlös ist für den erwerbswirtschaftlichen Betrieb typisch.

Während vor einigen Generationen das "Aushandeln des Preises" noch eine Beschäftigung war, der man mit Kennerblick und Muße nachging, ist heute in weiten Bereichen der Preis zu einem "ausgezeichneten Betrag" zwischen Händler und Verbraucher geworden. Selbst in der bauwirtschaftlichen Produktion, wo sich die Kostenrechnung am stärksten durchgesetzt hat und in ihrer Preisbildung davon entscheidend bestimmt wird, sind keineswegs alle Preise durch Kosten bestimmt. Erst recht ist dies nicht der Fall für jede Art von Preisgestaltung, die durch soziale Distinktion beeinflußt wird (Mode, Hotelübernachtung, Restaurantbesuch, kosmetische Erzeugnisse).

Der Preis des Modellkleides ist weder durch die Kosten des Materials und Lohnes noch durch die Atelierkosten bestimmt.

Preispolitik und Kostenrechnung verhalten sich wie Handeln und Denken. Handeln beruht auf Grundsätzen, Maximen, Postulaten. Das "Denken im Betrieb" zeigt sich im Planen, Ordnen, Kontrollieren, Erfassen, Rechnen. Daher ist die Kostenrechnung völlig verschieden von der Preispolitik.

Der Gewinn ist die Differenz zwischen Markterlös und Herstellungskosten.

Gewinn ist aber auch der Erfolgsindikator für die Umsetzung einer ungewissen Zukunft in die gewisse Gegenwart dank richtiger Prognosen für erbrachte wirtschaftliche Leistungen.

Jedes wirtschaftliche System braucht Anreizmechanismen. Die Planwirtschaft bietet Belohnung (Sonderurlaub, Orden) oder Strafe. In einem marktwirtschaftlichen System bringt Gewinnaussicht die Pferde ins Geschirr, die, ohne sich dessen selbst bewußt zu sein, den Wagen des gesamtwirtschaftlichen Fortschritts ziehen, auf dem auch die Pakete unserer Sozialpolitik liegen.

Der Gewinn könnte aber auch Ausdruck eines fehlenden Marktes sein, dann ist der Gewinn nicht Leistungsausweis.

Der Unternehmergewinn ist jedoch keineswegs mit dem Bilanzgewinn einer Unternehmung identisch. Dieser setzt sich vielmehr in der Regel aus allen drei Einkommensarten zusammen: aus dem Zins für das Eigenkapital der Unternehmung, aus dem Entgelt für die vom Unternehmer selbst und seinen mithelfenden Familienangehörigen geleistete Arbeit, die ebensowohl ein bezahlter Arbeiter oder Angestellter hätte leisten können - das ist der sogenannte Unternehmerlohn. Nur was vom Bilanzgewinn nach Abzug des Eigenkapitalzinses und des Unternehmerlohnes übrigbleibt - wenn etwas übrigbleibt - ist Unternehmergewinn.

Die eigentliche Schwierigkeit, die den Zugang zu einem vernünftigen Verständnis des Gewinnmotivs verbaut, ist die übliche Vermischung von mikro- und makroökonomischen Aspekten. Es wird nämlich von den Motiven des Einzelnen auf den Zweck des Ganzen geschlossen.

Der angestellte Architekt, der seine Arbeitsleistung dort anbietet, wo ihm das beste Gehalt winkt, der Investor, der sein Vermögen von z. B. 1.000.000 DM dort anlegt, wo er die höchste Rendite erzielt, ein Betrieb, der die Bauleistungen erstellt, die ihm die höchsten Gewinne versprechen, erfüllen eine gesellschaftliche Funktion - auch wenn sie dabei an ihr eigenes Konto denken -, denn sie befriedigen die Bedürfnisse von anderen.

Über den erzielten Absatz entscheidet jedoch der Markt, denn wenn dieser funktioniert, entsteht Wettbewerb, d. h. es werden weitere Anbieter angezogen.

Das Gewinnmotiv degeneriert allerdings immer dann:

1) wenn die Wirtschaftspolitik inflationäre Prozesse zuläßt, wenn die Kalkulation übermütig wird, weil man über steigende Preise alles hereinholen kann

2) wenn die Wettbewerbspolitik versagt, d. h. daß Unternehmen, die auf die Anforderungen der Marktwirtschaft nicht hören wollen, das Kartellamt das Fühlen beizubringen hat

3) wenn in der Kalkulation der Güterpreise nicht alle Kosten eingehen, die die Leistungserstellung verursacht hat (social costs).

Es gehört also zu den elementaren Erkenntnissen der Betriebswirtschaftslehre, daß die wirtschaftlichen Abläufe so gestaltet werden müssen, daß in der Regel die Erlöse höher sind als die Kosten. Hauptaufgabe des Unternehmens wird also sein die Steigerung der Erlöse und die Senkung der Kosten. Dieses Prinzip der Gewinnmaximierung ist nun der eigentliche Stein des Anstoßes an dem marktwirtschaftlichen System, und man befleißigt sich, neue Begriffe, wie "Gewinnoptimierung" oder das "Streben nach angemessenem Gewinn", einzuführen.

So ist es nicht weiter verwunderlich, daß man bei den Betrieben (der zweiten Front), die also dem Markt der Nutzungsmöglichkeiten (Wohnungsmieten) näherliegen, von anderen Prinzipien ausgeht. Im Gegensatz zu einer auf Gewinnerzielung gerichteten Wirtschaftstätigkeit verfolgt das sog. GEMEINWIRTSCHAFTLICHE PRINZIP das Ziel der volkswirtschaftlichen Bedarfsdeckung, ohne dabei den individuellen Eigennutz als treibendes Motiv einzuspannen. Rund 2.000 Wohnungsbauunternehmen gelten auch noch als gemeinnützig. Durch die Anerkennung der Gemeinnützigkeit erhalten sie Vergünstigungen im:

- Steuerrecht (Körperschaft-, Vermögen- und Gewerbesteuer)
- Gebühren- und Kostenrecht
- Firmenrecht.

"Klopft man alle diese Prinzipien auf ihre konkreten Inhalte ab, so bleibt nichts Faßbares übrig", schreibt W. Engels (5) und fährt fort:

"Gemeinnützige Wohnungsbaugesellschaften haben in der Vergangenheit so viel verdient wie sie nur konnten. Im Austausch gegen Steuerprivilegien boten sie eine Ausschüttung auf ihre Anteile von vier Prozent - immer noch mehr als die durchschnittliche Dividendenrendite der Aktiengesellschaften" ...

"Der eigentliche Trick der marktwirtschaftlichen Organisation liegt darin, daß sie den Eigennutz in den Dienst des Gemeinwohls stellt. Deshalb funktioniert diese Ordnung so gut, gleichgültig, ob ihre Unternehmer nun Helden oder Schurken sind."...

"Ein Unternehmer, der auf Gewinne verzichtet, handelt nicht moralisch - im Gegenteil, er versäumt seine Pflicht gegenüber der Gemeinschaft. Erst bei der"Gewinnverwendung" fängt die Moral an. Hier macht es einen großen Unterschied, ob der Unternehmer seinen Gewinn in Luxuskonsum umsetzt oder ob er ihn investiert und damit weitere Arbeitsplätze und Einkommen schafft." (6)

Für alle diese Betriebe gilt, daß sie mit erheblichen Fixkosten belastet sind.

Güter und Dienste, die fixe Kosten verursachen, werden also nicht durch die Leistungserstellung verzehrt wie Güter und Dienste, durch deren Verzehr variable Kosten entstehen. Fixkosten "verursachende" Güter und Dienste verzehren sich von selbst vom Augenblick ihrer Beschaffung an. Das Ausmaß dieses "Selbstverzehrs" folgt eigenen Gesetzen, die wohl mit der technischen, wirtschaftlichen oder rechtlichen Lebensdauer je nach der Art der Güter und Dienste, nicht aber mit der Durchführung der Leistungserstellung zusammenhängen.

Den betriebswirtschaftlichen Vorgang des "Gewinnerzielens" oder "Verlustmachens" muß man sich für die verschiedenen Betriebe wie folgt vorstellen (Bild 15):

Die einzelnen Erlöse - von denen zunächst einmal die variablen Kosten abgesetzt werden - fließen in ein Becken. Wenn die Fixkosten gedeckt sind, kann etwas in das Gewinnbecken abfließen.

Die Formel lautet:

$$\begin{aligned} &\text{Erlös} \\ &\underline{./.\ \text{variable Kosten}} \\ =\ &\text{Deckungsbeitrag (= fixe Kosten + Gewinn)} \end{aligned}$$

Daraus wird aber für alle Betriebe ersichtlich, daß der Gewinn in einer Zeitperiode erzielt wird und nicht pro Auftrag.

So fließen beim Planungsbüro die Honorare der Objekte A bis X in einen Topf. Von diesen Honorarerlösen wären zunächst die beschäftigungsvariablen Kosten abzuspalten. Das sind z. B. Reisekosten, die nur im Zusammenhang mit der Auftragsübernahme stehen. Honorare für freiberufliche Mitarbeiter und Subauftragnehmer (Co-Büros), die man nur für diesen Auftrag angeworben hat.

Für den Baubetrieb bestehen die Erlöse bei der "ex post"-Betrachtung aus folgenden Bestandteilen:

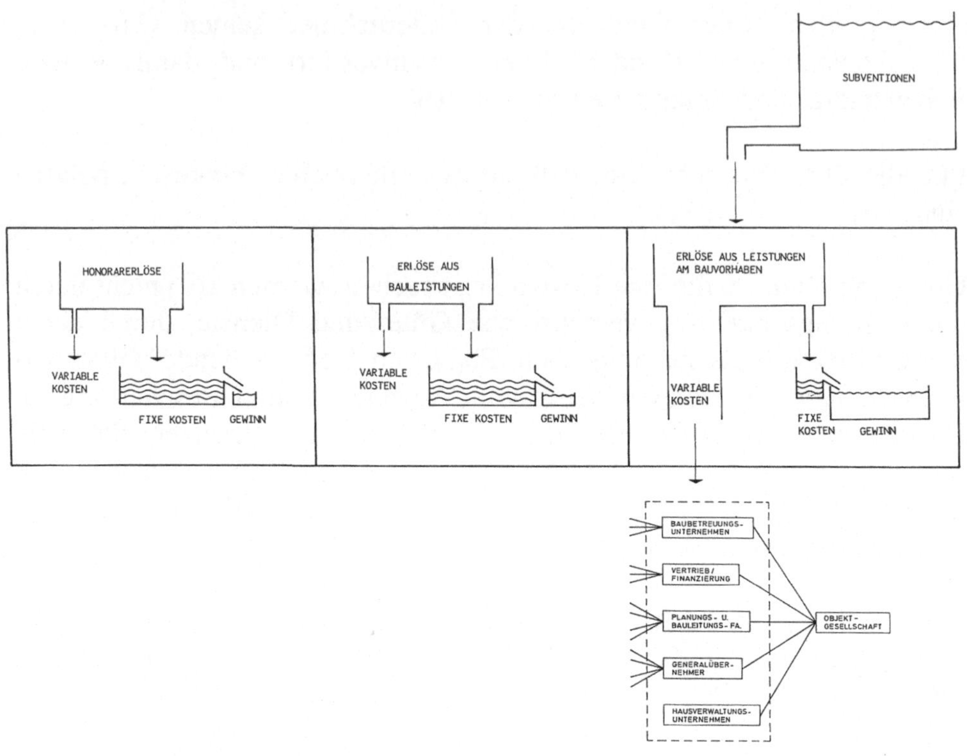

Bild 15: Gewinnerzielung unter Berücksichtigung des Fixkosten-phänomens unserer Wirtschaft

1.)   Pauschale(n)

2.) $m_1 \times p_1 + m_2 \times p_2 + m_3 \times p_3 + m_n \times p_n$

dabei sind: $m_1, m_2 \ldots$ die Mengen der einzelnen Positionen

$p_1, p_2 \ldots$ die Einheitspreise der einzelnen Positionen

3.)   Nachträge (in Form von Pauschalen oder als Produkt aus Mengen und nachträglich vereinbarten Einheitspreisen)

4.)   Tagelohnarbeiten.

Bis auf vereinbarte Pauschalen ergeben sich die Erlöse aus der Multiplikation des Mengenansatzes mit den Einheitspreisen und aus der Addition die Positionsgesamtpreise. Rein mathematisch läßt sich dieses Produkt nur vergrößern, wenn Menge und/oder Einheitspreis einen möglichst hohen Wert ergeben.

Die Mengenangabe wird nach gemeinsamen Aufmaßen im Rahmen der Massenermittlung unter Beachtung von Aufmaß-Vorschriften gemäß VOB errechnet. Unter der Voraussetzung, daß die Bauleistung exakt aufgemessen wurde, sind die Möglichkeiten, die Mengen zu erhöhen, gering. Sicher kommt es immer wieder vor, daß bei Fundamentplatten, Binderschichten und Aushubtiefen mehr in Rechnung gestellt wurde, als tatsächlich ausgeführt wurde, aber dies setzt schon auf der anderen Seite den "richtigen" Partner voraus.

An anderer Stelle (7) haben wir rechnerisch nachgewiesen, wie die unterschiedliche Wahl möglicher Zuschlagsbasen zu verschiedenen Gemeinkostenzuschlägen führt, die sich schließlich in unterschiedlichen Einheits- und Gesamtpreisen niederschlagen. Unterstellen wir jedoch auch noch ein unterschiedliches Mengen- und Wertgerüst (abweichende Geräteleistung, unterschiedliche Stundenansätze, je nach Beschäftigungssituation verschieden hohe Zuschlagssätze), was realistischerweise bei den diversen Anbietern angenommen werden muß, dann ergeben sich unterschiedlich hohe Gewerkepreise.

Da die Zuschlagserteilung meistens an den Mindestbietenden erfolgt, ergeben sich für den kalkulierenden Betrieb folgende Probleme:

1)   Das kalkulierende Unternehmen muß sich mit seinem Angebotspreis so an die Preis"vorstellung" des Auftraggebers herantasten, daß es mit einem möglichst geringen Abstand zum nächsthöheren Bieter den Zuschlag erhält. Mit den "Preisvorstellungen" verbindet der Auftraggeber aber nicht nur eine feste Vorstellung von dem, was er investieren möchte, sondern auch von der vom Auftragnehmer zu

erbringenden Leistung. Dies ist für das gesamte Objekt in einer Baubeschreibung qualitativ formuliert, für die einzelnen Gewerke und deren Positionen im Massenauszug wie in den daraus resultierenden Leistungsverzeichnissen auch quantitativ festgelegt. Da aber zu diesem Zeitpunkt noch keine Leistung vorliegt, müssen wir von einem Leistungs"versprechen" reden.

Dabei wird die obere Grenze des Leistungsversprechens durch das definiert, was der Auftraggeber in seinen LV'S fordert, die untere Grenze durch das, was der einzelne Unternehmer noch technisch zu verantworten glaubt, wo aber für den Auftraggeber schon der "Pfusch" beginnt. Diese Spanne zwischen Unter- und Obergrenze ist umso geringer, je durchgreifender die Bauaufsicht ist; sie ist umso größer, je unklarer die Leistungsbeschreibung ist.

2) Gleichzeitig soll der abgegebene Preis hoch genug sein, um nicht nur langfristig sämtliche Kosten abzudecken, sondern auch Gewinn zu erwirtschaften.

Nicht selten wird der Ruin des Mindestbietenden vorausgesagt, und bei großen Submissionsdifferenzen wird lautstark die Anwendung des § 25 Nr. 2 Abs. 2 Satz 2 VOB/A gefordert, die besagt, daß Angebote vom Wettbewerb ausgeschieden werden, sofern die Preise in offenbarem Mißverhältnis zur Leistung stehen.

Aus angebotsstrategischen Gründen können die zuschlagsbedürftigen Kosten ungleichmäßig, z. B. nach dem Grad der Wahrscheinlichkeit des Eintretens einer Position, verteilt werden.

Werden auch die zuschlagsbedürftigen Kosten nur einigen wenigen Positionen zugeschlagen, so kommt es häufig zu den sog. "Mondpreisen".

Das Bild, das die Submission bietet, hat Brüggemann 1962 treffend wie folgt formuliert:

"Man stelle sich einmal vor, die Interessenten für die Versteigerung eines Gegenstandes, den sie alle dringend benötigen, den sie aber nur nach der Beschreibung des Auktionators kennen, werden mit verbundenen Augen und mit verstopften Ohren in den Auktionssaal geführt. Jeder muß nun eine Zahl ausrufen, die sein Gebot darstellt. Damit ist der Vorgang beendet. Der Auktionator überreicht anschließend demjenigen, der die höchste Zahl genannt hat, den Gegenstand und allen eine Liste mit den Zahlen, damit sie wenigstens nachträglich sehen mögen, wie falsch sie sich benommen haben. Beim nächsten Mal geht es mit anderen Bietern um einen ganz anderen Gegenstand, und wiederum sind Augen und Ohren verschlossen. Ein absurdes Bild - und doch das Bild der Submission, das Bild, aus dessen vielfältiger Wiederholung der Baumarkt besteht." (8)

Wenn selbstverständlich in die Vorkalkulation einer Baustelle Gewinn- und Wagnisbestandteile in einer gewissen Höhe eingehen, besagt das nicht, daß auch nachkalkulatorisch in dieser Höhe die Gewinne ausgewiesen werden.

Bauleistungen sind meistens Einzelfertigungen, die an stets wechselnden Einsatzorten und nicht selten unter extremen Witterungsbedingungen erbracht werden.

Der Nachfrager von Bauleistungen bestimmt Ort, Zeit, Qualität und rechtlichen Vertragsinhalt.

Die Anbieter von Bauleistungen haben keinerlei Anhaltspunkte dafür, welche Konkurrenten zu welchen Preisen anbieten. Der Wettbewerb findet ausschließlich auf der Anbieterseite statt.

Auftraggeber nutzen nicht selten ihre monopolähnliche Stellung, indem sie gelegentlich gegen die VOB verstoßen und viele Kalkulationsrisiken auf die Anbieter von Bauleistungen abwälzen.

Zu den strukturellen Besonderheiten kommen noch spezielle Rahmenbedingungen.

Baubetriebe sind zu 50 %, in Teilbereichen zu fast 100 %, von der Vergabe der öffentlichen Auftraggeber abhängig. Das Bauvolumen wird wegen des hohen gesamtwirtschaftlichen Multiplikatoreffektes vom Staat immer wieder zu konjunkturpolitischen Steuerungsmaßnahmen eingesetzt. Das ist aber für ein Bereitschaftsgewerbe, das unter hohem Kostenaufwand personelle und technische Kapazitäten vorhalten muß, besonders schwierig.

Nun zu den strukturellen Besonderheiten der Planungsleistungen.

Planungsleistungen sind der Bedarfsdeckung Dritter dienende geistige Prozesse, deren Durchführung und deren Nutzung einen engen Kontakt zwischen Leistungsgeber (Planer) und Leistungsnehmer (Bauherr) bzw. dessen Verfügungsobjekt (Bauwerk) technisch bedingen.

Planungsleistungen werden vertraglich stets in Form irgendwelcher Leistungsversprechen abgewickelt. Die Planer versprechen ihrem Bauherrn nur eine bestimmte Leistung. Dieser kann sie bei Vertragsabschluß weder messen, prüfen, noch begutachten. Vielleicht kann er sie (die erwartete Leistung) "ahnen", und zwar aufgrund anderer abgeschlossener Vorhaben, die der Planer für ihn oder andere Bauherren bereits durchgeführt hat. Für das spezielle Objekt, welches leistungsmäßig noch ansteht, kann er sich nur auf das Leistungsversprechen stützen.

Die Honorierung dieser Leistung erfolgt nach HOAI, die

- bei "guter" und "schlechter" Konjunktur

- für alle Nachfrager von Planungsleistungen

  o   kleine, mittlere und große Auftraggeber

  o   Bauherren, die einmal (und nie wieder), ständig und periodisch bauen

- für alle Anbieter von Planungsleistungen

  o   kleine, mittlere und große Büros

  o   Büros, die sich

       am Beginn
       in der Mitte   ihrer Lebensphase befinden
       am Ende

  o   Büros in Städten bzw. auf dem Lande

  o   Einzelbüros, Arbeitsgemeinschaften, Generalplaner

  o   "bekannte" bzw. "unbekannte" Büros

immer ein angemessenes Honorar hergeben soll.

Während der Generalunternehmer dem Bauherrn gegenüber alle Bauleistungen übernimmt - wobei er von Bauaufgabe zu Bauaufgabe verschieden auf Subunternehmer zurückgreift, aber einzelne selbst erbringt - übernimmt der Generalübernehmer dem Bauherrn gegenüber die Verantwortung für alle Bauleistungen bei vollständiger Delegation dieser an ausführende Firmen.

Diese Betriebe pflegen häufig einen PAUSCHALPREIS 1. STUFE abzuschließen (vgl. Bild 16).

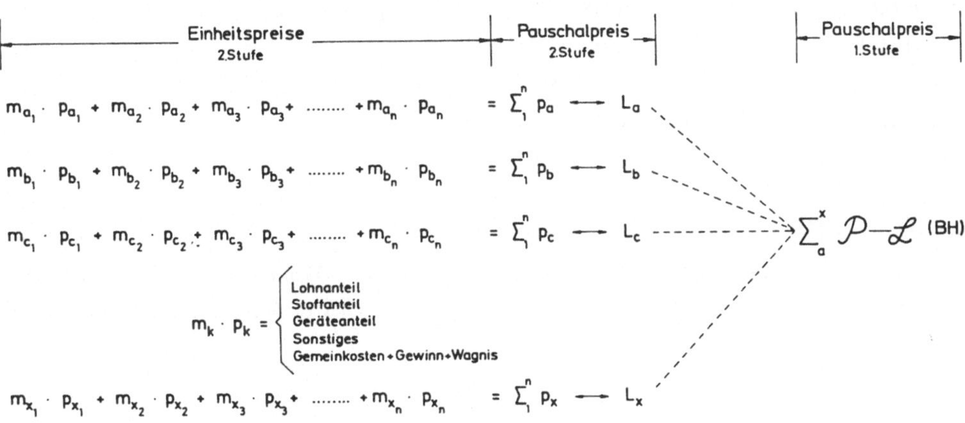

Bild 16:   Pauschalpreise 1. und 2. Stufe

Das Marktgeschehen erschöpft sich im Kauf und Verkauf, in der Hingabe von Gütern und Dienstleistungen gegen Geld. Die Menge des hingegebenen Geldes für eine Ware oder Dienstleistung ist ihr Preis.

Die Marktwirtschaft beruht auf dem erstrebten freien Austausch wirtschaftlicher Güter. Der freie Tausch beruht auf der "gewollten Überschußproduktion". Die Überschußproduktion beruht wiederum auf der Erzeugung für andere (unter Ausnutzung der Vorteile des arbeitsteiligen Systems) über den eigenen Bedarf hinaus.

Bis zum Beginn des 1. Weltkrieges - und hier wenigstens für ein Jahrhundert - war die Wohnungswirtschaft Bestandteil der Marktwirtschaft. Die Wohnung wurde vom privatwirtschaftlichen Unternehmer erstellt, vom Hausbesitzer erworben, dem Wohnungssuchenden angeboten und von diesem schließlich gemietet. Es gab einen Wohnungsmarkt, in dem das Angebot um einige Hunderttausend Wohnungen ständig überwog. Der Wohnungssuchende konnte zu einem geringeren Preis eine kleinere und weniger gute Wohnung finden und für einen höheren Preis eine größere und bessere (nach Ausstattung und Lage) mieten.

Der Hausbesitzer (und Vermieter) konnte sich seine Mieter aussuchen, jeden ablehnen, den er nicht haben wollte, und jedem kündigen, wann immer er dazu Lust verspürte.

Die Miete war ein echter Marktpreis und deckte die Aufwendungen des Hausbesitzers. Sie warf eine Rendite ab, die Rothkegel (in Schmollers Jahrbuch 1920) für Berliner Vororte im Jahre 1914 mit einer Gesamtrentabilität von 4,5 % (bei 3,36 % Eigenkapitalrentabilität und durchschnittlich 4,65 % Hypothekenzins) angibt.

In den Städten bildete sich im letzten Drittel des 19. Jahrhunderts ein Grundstücks-, Häuser- und Wohnungsmarkt. Empfindliche Wohnungsnot mit sprunghaft gestiegenen Mieten wechselten mit Zeiten des Überangebots.

E. Jäger beschreibt in seinem Buch (Die Wohnungsfrage, Berlin 1902, 2. Bd., S. 36) die Situation etwa so:

"Der Bau eines Hauses zum Eigenbesitz tritt immer mehr zurück, das Baugewerbe arbeitet in den Großstädten nicht mehr direkt für den Wohnbedürftigen; die Geldgeber und Bauherren sind immer seltener die Wohnungskonsumenten, sondern Zwischenmänner und Spekulanten. In den Mittel- und Kleinstädten ist der Hausbau auf Spekulation Ausnahme, in den Großstädten fast die Regel. Die Unternehmer sind meist Bauhandwerker, die Beschäftigung suchen. In Berlin und den meisten anderen Großstädten hat sich diese Art des Hausbaues zu einem festen System ausgebildet. Selbst die solidesten Bauunternehmer besitzen oft nur ein eigenes Vermögen von 8 - 10.000 Mark und bauen damit Häuser im Gesamtwert von 200.000 Mark und mehr."

Wie läßt sich der in der Literatur als Wohnungsnot bezeichnete Zustand beschreiben?

1) Es herrschte ein Mangel an Wohnungen, insbesondere an Kleinwohnungen, die den finanziellen Möglichkeiten der Mieter entsprachen (Wohnungsmangel).

2) Demzufolge mußten oftmals größere Wohnungen gemietet werden. Um die finanzielle Belastung solcher Wohnungen tragen zu können, wurden Untermieter und Schlafgänger aufgenommen, die die Familienharmonie störten.

3) Der Kinderreichtum der Familien einerseits und die Aufnahme von fremden Personen andererseits führte zu einer hohen Wohndichte.

4) Die optimale Ausnutzung des Bodens führte zu einer dichten und hohen Bebauung mit Hinterhofwohnungen. Eine vernünftige Belichtung und Belüftung der unteren Wohnungen war nicht möglich.

5) Neben der schlechten individuellen Wohnungssituation führte eine ungenügende Infrastruktur und die Zusammenballung solcher Mietskasernen zu einer Ghettoatmosphäre (Armenviertel).

6) Das Fehlen von Wasseranschlüssen und mangelhaften Abortverhältnissen erfüllten den Anspruch an die sanitären Anlagen nicht. Die Wohnungen waren zudem schlecht geschnitten, es fehlten Küchen, und in vielen Fällen besaßen sie nur ein beheizbares Zimmer. (Die schlechte Qualität der Wohnungen wurde auch als Wohnungselend bezeichnet.)

7) Die unterschiedliche Machtposition in der Vertragsgestaltung zwischen Mieter und Vermieter wurde als Wohnungsfeudalismus bezeichnet. Kurze Kündigungsfristen und ein uneingeschränktes Vermieterpfandrecht bedrohten den Mieter. Schon ein kurzfristiger Zahlungsverzug konnte für ihn zur fristlosen Kündigung führen.

8) Diese Zustände waren auch noch durch ein hohes Mietpreisniveau gekennzeichnet, welches in keinem Verhältnis zu den gemieteten Wohnungen stand.

Die Mietquote, die das Verhältnis von Gesamtmietbetrag zu dem Gesamteinkommen der Haushalte darstellt, verlief etwa wie in Bild 17 gezeigt.

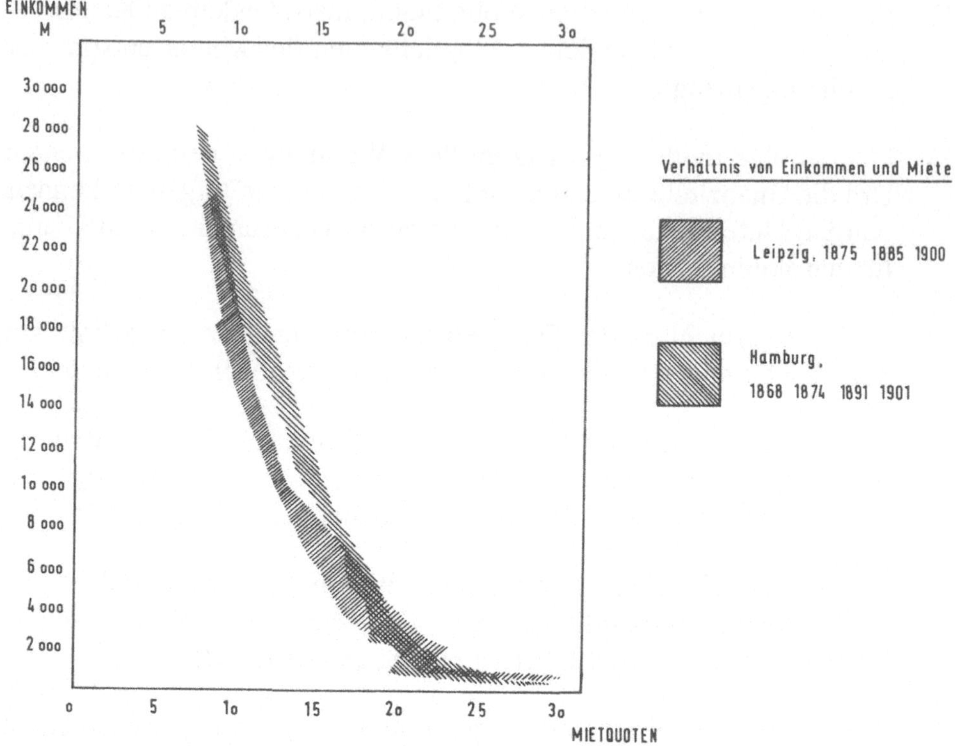

Bild 17:   Die Mietquote in Leipzig und Hamburg

Bis 1914 war es also selbstverständlich, daß die Wohnungsnutzung ein
Kostengut darstellte, dessen Kosten der Wohnungsnutzer - im Falle der
Mietwohnung der Mieter - aus seinem Einkommen aufzubringen hatte.
Das Einkommen der breiten Masse der Wohnungssuchenden bestimmte,
welche Miete gezahlt werden konnte, und nach diesen Mieten bestimmte
sich, was für Wohnungen gebaut wurden und wie der Bau finanziert
wurde.

Der Krieg bereitete dem Wohnungsbau ein fast vollständiges Ende. Erst
mit dem Jahre 1927 konnte der jährliche Zuwachsbedarf und der Ersatz-
bedarf abbruchreifer Wohnungen voll befriedigt werden. Diese Zunahme
setzte sich auch in den folgenden Jahren noch fort und erreichte ihren

Höhepunkt im Jahre 1929. Das Jahr 1930 brachte dann wieder infolge Einschränkung der öffentlichen Zuschußmittel für den Wohnungsbau einen geringen Rückgang der Wohnungsproduktion, der sich in den folgenden Jahren verstärkte.

Bei der Machtübernahme war also eine Lage gegeben, daß die Wohnungsproduktion vorher ihren niedrigsten Wert erreicht hatte, daß immer mehr Wohnungen vom Mieterschutz freigeworden waren, daß aber die Wohnungsnachfrage durch die Wirtschaftsbelebung eine große Steigerung erfuhr. Diesem Umstand trug die Reichsregierung mit dem Gesetz zur Änderung des Reichsmietengesetzes und des Mieterschutzes (1936) Rechnung.

Die Entwicklung des Mietniveaus in Deutschland seit 1924 geht aus Bild 18 hervor.

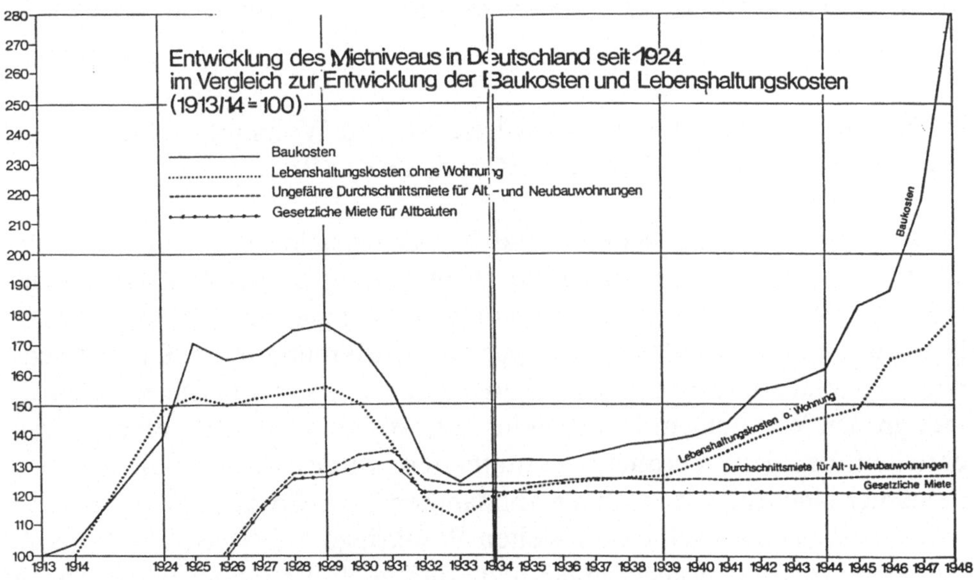

Quelle: Verwaltung für Wirtschaft des Vereinigten Wirtschaftsgebietes: Wohnwirtschaft und Mietpreisbildung, o. O., o. J.

Bild 18:   Die Entwicklung des Mietniveaus in Deutschland

Wie stellte sich die Situation nach dem 2. Weltkrieg dar?

Die unzureichende Neubautätigkeit seit 1933, die Zerstörungen des 2. Weltkrieges sowie der durch Flüchtlinge, Vertriebene und Heimkehrer verursachte zusätzliche Wohnungsbedarf hatten im Höhepunkt der Wohnungsnot 1948/49 zu einem rechnerischen Wohnungsdefizit von rund 4,5 - 5 Mio. Wohnungen geführt.

Zum Zeitpunkt der Einführung der Marktwirtschaft waren noch Instrumente der Wohnungszwangswirtschaft vorhanden, die sich aus folgenden Elementen zusammensetzten:

1)	MIETPREISBINDUNG, d. h. die Ausschaltung marktwirtschaftlicher Preisbildung

2)	WOHNRAUMBEWIRTSCHAFTUNG, d. h. staatliche Verteilung

3)	MIETERSCHUTZ, d. h. eine bestimmte Verteilung war staatlich gesichert.

H. W. Jenkis schreibt (Wohnungswirtschaft und Wohnungspolitik in beiden deutschen Staaten, Hamburg 1972, S. 136/137):

"Aber diese, durch die Kriegs- und Nachkriegsjahre erzwungene totale Wohnungszwangswirtschaft führte zwangsläufig zu sozialen Ungerechtigkeiten: Wer zufällig seine Wohnung im Kriege nicht verloren hatte, bezog auf Grund des Mietpreisstopps eine Differentialrente. Die notwendige Umschichtung der Mieter fand nicht statt, sondern sie nahmen in ihre großen Wohnungen Untermieter auf, wodurch sie selbst einen Ertrag erzielten, der dem Vermieter vorenthalten wurde. Da aber die Hauseigentümer nicht die notwendigen Einnahmen bzw. Erträge hatten, wurden die - insbesondere nach dem Zweiten Weltkriege - notwendigen Instandhaltungen und Modernisierungen nicht durchgeführt. Gleichzeitig stiegen aber die Mieten für die Neubauwohnungen, da für diese kostendeckende Mieten zugelassen wurden, so daß die Mietenverzerrung immer größer und sozial unbefriedigender wurde."

In den Jahren danach wurde eine Reihe von wohnungspolitischen Zielen formuliert:

1) Beseitigung der a l l g e m e i n e n Wohnungsnot mit den Unterzielen:

   a) Forcierung der a l l g e m e i n e n Neubautätigkeit (seit 1950);

   b) Erhaltung bzw. Modernisierung des Altbaubestandes (seit 1952) und

   c) Beseitigung der ineffizienten Wohnraumverteilung (seit 1960).

2) Lösung der Wohnungsversorgungsprobleme b e s t i m m t e r B e v ö l k e r u n g s g r u p p e n durch Bereitstellung von Wohnraum zu "sozial tragbaren" Mieten (Lasten) für "breite Schichten des Volkes."

3) Lösung der Wohnungsversorgungsprobleme s p e z i e l l e r G r u p p e n , z. B. Personen mit besonders geringem Einkommen, kinderreiche Familien, junge Ehepaare, alte Leute etc.

Sobald nun der Staat gesetzliche Mieten vorschreibt, handelt es sich nicht mehr um Preise, sondern um Taxen, also Entgelte, die nicht mehr nach wirtschaftlichen Kräfteverhältnissen, sondern nach parteipolitischen Erwägungen festgesetzt werden. Auch die Gesetzessprache, die Formulierungstechnik, die im Wohnungsbaugesetz, aber auch in den anschließenden Verordnungen über die Wirtschaftlichkeit und die Mietenbildung ausformuliert wurde, ist durch die Vorarbeiten der Repräsentanten und Verbandsleiter der Gemeinnützigen Wohnungswirtschaft entstanden (so gilt als Initiator und geistiger Urheber wie Verfasser E. Klabunde). Das gilt besonders für die im Wohnungsbaugesetz definierte und in den Durchführungsverordnungen erläuterte Kostenmiete.

Was von den LSÖ-Preisen der nationalsozialistischen Planwirtschaft galt, lebte in der Kostenmiete fort. Sie ist ein kalkulierter Preis wie der LSÖ-Preis damals. Man produziert nicht so wirtschaftlich, wie man eigentlich könnte, wenn die errechneten und in der Rechnung nachgewiesenen Kosten einfach anerkannt werden.

Schon 1962 schrieb A. Hampe in der "Zeitschrift für das gesamte Kreditwesen" (Heft 14, S. 13 ff.) in einem beachtenswerten Artikel mit dem Thema "Subventionskapital treibt die Baupreise":

"Wir stellen also die These auf, daß nicht die Deckung des ungeheuren Nachholbedarfs an Wohnungen bei marktwirtschaftlicher Preis- und Lohnbildung die entscheidende Ursache dafür war, daß die Baupreise sich überschlagen haben, sondern Art und Umfang der staatlichen Intervention ihr gerüttelt Maß Verantwortung an dieser Entwicklung trifft."

"... Die Bürokratie hat das Bewilligungssystem so perfektioniert, daß es nur schleppend und schwerfällig funktioniert und von Bauherren ohne die Hilfe von Experten kaum noch in Anspruch genommen werden kann. Organisation und Methoden unserer Wohnungsbauförderung boten schon seit Jahren keine Chance mehr, Preissteigerungen auf dem Bausektor zu unterbinden, im Gegenteil, sie forderten sie geradezu heraus."

4.0   Fehlentwicklungen und Delikte in der Bauwirtschaft

Wir haben weiter oben schon angedeutet, daß wir Fehlentwicklungen und
Delikte in der Bauwirtschaft in einem Kapitel behandeln wollen, weil wir
der Überzeugung sind, daß sie nahe beieinander liegen. Wenn auch Wirtschaftskriminalität eine Deliktform ist, die vor allem in der modernen
Industriegesellschaft gedeiht, so zeigt ein Blick auf unsere historische
Zeittafel, daß es Betrug, Täuschung und andere Erscheinungsformen
schon immer gegeben hat und keiner Gesellschaftsform fremd gewesen
sind.

4.1   Eine historische Zeittafel

Beim Bau des Speyerer Doms in der zweiten Bauperiode unter
Heinrich IV (1056 - 1106) kam der Bischof Otto von Bamberg als
Bauverwalter nach Speyer, denn die "magistri" sollten alles Geld, Gut
und alle Aufwendungen von ihm verlangen und mit ihm abrechnen und
alle Werkleute nur ihm gehorchen. Diese Bevollmächtigung geschah
scheinbar erst, als mehrere Bauleiter (magistri operis) "betrügerisch und
gottlos" bzw. "teils nachlässig, teils ihrem eigenen Vorteil nachgehend"
den Bau ins Stocken gebracht hatten. (9) Danach ging der Bau wieder gut
voran. Man kann also daraus schließen, die magistri operis versagten,
solange sie ohne Aufsicht sich selbst überlassen waren.

Die Sichtung der mittelalterlichen Quellen unter bauwirtschaftlichen
Gesichtspunkten ergibt immer wieder Hinweise auf deliktisches Verhalten.

Der Charakter der Renaissance als gesellschaftliche Umbruchphase
zwischen Mittelalter und Neuzeit zeigte sich auch in den Wandlungen
der Organisation des Bauwesens. So suchten viele Bauherren der bis da-
hin im Rahmen der Akkordverdingung üblichen Baustoffbeschaffung
und Gerätebeistellung sich zu entledigen und dies an den Baumeister
oder einen als Zwischenbeamten eingesetzten Bauverwalter zu übergeben. Dadurch wurde für den Bauausführenden eine wesentliche Quelle
der Spekulation und Bereicherung eröffnet.

Immer wieder werden Betrügereien aufgedeckt, die in extremen Fällen -
so bei dem Bauverwalter und Kämmerer des Kardinals Albrecht in
Halle, Hans von Schönitz - mit der Hinrichtung geahndet wurden.

Im Jahre 1724 gibt der Jurist und Schriftsteller Dr. Georg Paul Hönn in
Coburg sein Betrugslexikon bereits in 3. Auflage heraus.

In seiner Vorrede führt er aus: "In meiner Jugend auf Reisen / harnach bey meinen 33 jährigen Diensten / besonders richterlichem Ambte / ist mir mancher Betrug vor Augen und zu Ohren gekommen." Hönn war bemüht, das gesamte Spektrum der Betrügereien seiner Zeit in den verschiedenen Variationen darzustellen. Nachdenklich schreibt er in seiner Vorrede weiter: "Warum ich über die bey meinem Richter-Amte mir täglich zuziehende Feinde noch mehrere / mithier auch neue Unruhe und Mühe über den Halss laden wolle: Wenigstens wäre nicht rathsam / vor das höchst-odiöse Werck meinen Nahmen zu setzen / um bloss zu geben." Man muß sich gedanklich in die erste Hälfte des 18. Jahrhunderts versetzen, wo in den deutschen Landen noch Hexenprozesse mit anschließender Hexenverbrennung stattfanden.

Um das Lesen des Originaltextes zu erleichtern, seien einige Fremdwörter übersetzt:

persuadiret	=	überredet
praenumerirten	=	vorausbezahlten
accordiren	=	übereinkommen
formiren	=	aufstellen.

Neben den Betrügereien des Baumeisters, die in voller Länge auf den beiden folgenden Seiten wiedergegeben werden, bringt Hönn Ausführungen über Betrügereien der Maurer, Zimmerleute, Glaser, Tüncher, Schlosser, Schreiner, Schiefer- und Ziegeldecker und Miethleute.

Abgesehen von Hinweisen auf die Verwendung von diversen Materialien dieser Gewerke, konzentrieren sich diese Ausführungen immer wieder in folgenden Punkten:

- daß etwas anderes gebaut als geplant wurde
- daß schlechtes, minderwertiges Material verwendet wird
- daß mehr Material in Rechnung gestellt wird, als verbraucht wurde
- daß mehr Arbeit angenommen wird, als geleistet werden kann
- daß im Tagelohn mehr abgerechnet würde
- daß auf den Baustellen dem Diebstahl begegnet werden müsse
- daß sie mit den gezahlten Vorschüssen auf und davon gehen
- daß Geschenke für die Obrigkeit erbracht werden müßten
- daß Bestechung erfolgt, um grobe Fehler zu übersehen

Bau-Meiſter betriegen 1) Wenn ſie überhaupt ein Gebäude annehmen, ſolches aber nicht auf die Arth und Weiſe, der Länge, Höhe und Breite nach, aufführen, wie ſie in ihren Contracten verſprochen. 2) Wenn ſie an ſtatt des dichten und guten Holtzes dünne und ſchwache Bäume, und an ſtatt derer eichenen Schwellen, ſichtene oder kieferne nehmen. 3) Wenn ſie an Materialien vom Bau-Herrn mehr fordern und ſich bezahlen laſſen, als zum vorſeyenden Bau nöthig iſt. 4) Wenn ſie mit den Handwercks-Leuten, als Maurern, Zimmerleuten, Schreinern und andern mehr ſo genau handeln, daß dieſe hernach ihre verdingte Arbeit nur obenhin machen, ſie aber deſto gröſſern Profit von dem überhaupt verdungenen Bau haben. 5) Wenn ſie den Bau-Herren anfänglich die Koſten gering machen, alsdenn aber, da ſie ſelbige perſuadiret, und dieſe den Bau angefangen, nach und nach noch vieles erſt anſagen, was dazu gehöret. 6) Wenn ſie einen Bau anfangen, hernach aber denſelben ſtehen laſſen, und mit der prænumerirten Summa Geldes auf und davon gehen.

7) Wenn sie das vom Bau-Herrn empfangene Geld zu ihren eigenen Nutzen anwenden, und immittelst die Handwercks-Leute, so am Bau mit arbeiten, auf ihre Bezahlung lange warten lassen. 8) Wenn sie auf erfolgenden Fall, da der Bau-Herr denen Handwercks-Leuten das Geld selbst auszahlet, mit diesen dergestalt accordiren, daß sie ihnen vor die zugewiesene Arbeit an ihren eigenen Häusern eines und das andere umsonst machen müssen. 9) Wenn sie unter dem Vorwand, sie wären von diesem oder jenem Handwercks-Mann, mit deren Arbeit aufgehalten worden, auf die versprochene Zeit den Bau nicht liefern. 10) Wann sie von denen auch wohl in Übermaß gefoderten Bau-Materialien e. g. Nägeln, Brettern, Farben, Eisen &c. &c. etwas zurück behalten und zu ihren Nutzen anwenden. 11) Wenn sie falsche Rechnung formiren und mehr an Tage-Lohn und dergleichen in Ausgabe bringen, als an dem Bau würcklich gearbeitet worden.

Mittel: 1) Abfaßung einer wohl eingerichteten Bau-Ordnung. 2) Vorsichtigkeit des Bau-Herrn bey seinem Bau-Contract, daß darinnen, wie alles und jedes bey dem Bau beschaffen seyn soll, auf das eigentlichste ausgedrucket, auch überall die Gewährschafft geleistet werde. 3) Fleißige Zurathziehung Bauerfahrner Personen. 4) Mit Vorauszahlung des Bau-Geldes, so viel möglich an sich zu halten.

- daß sie Kunden abwerben
- daß hohe Spesen anfielen ("durch vieles Fressen und Sauffen viele Unkosten verursachen")

und über die Handwerksgesellen:

- daß wenn am meisten zu tun sei, sie die Arbeit verlassen
- daß wenn sie unbeaufsichtigt seien, sich auf die "faule Seite" drehen
- daß sie aus der Innungs"lade" Geld entwenden würden
- daß sie Schwarzarbeit machen würden
- daß sie öfters einen blauen Montag und wohl mehr Feiertage in der Woche machen nach dem schönen Sprichwort: "Der Montag ist des Sonntags Bruder und am Dienstag liegen die Gesellen noch im Luder" und dadurch die Arbeit versäumen

und über die "Miethleute" (Mieter) kann man berichten, daß sie:

- den Mietzins ganz oder teilweise aus fadenscheinigen Gründen nicht bezahlen
- mit der Bausubstanz zerstörerisch umgehen.

Wenn auch sehr früh verdingungsähnliche Auftragsvergebungen von fürstlichen und städtischen Verwaltungen durchgeführt werden, so waren dies Einzelhandlungen, die das Wirtschaftsleben ihrer Zeit nicht entscheidend berührten.

M. Heller sieht die Hamburgische Bauhofsordnung von 1617 als erste Regelung des Verdingungswesens an, während S. Feuchtwanger der Meinung ist, daß die im Jahre 1542 erlassene Instruktion für den Festungsbau von Ingolstadt als erste Verdingungsordnung in Deutschland zu gelten habe.

Was aber den Unternehmern schon an Bedingungen zugemutet wurde, geht aus den Auszügen aus der Mittwochs-Rentkammer zu Köln hervor (zitiert bei Beutinger, E. Das Submissionswesen, Leipzig 1915, S. 14 ff.):

VORBEHALTE UND BEDINGUNGEN FÜR DIE ÜBERNAHME KLEINER ÖFFENTLICHER MAURERARBEITEN

Art. 5. Der Unternehmer verpflichtet sich, jedem Ansuchen zu entsprechen, welches vom Bürgermeister oder dem öffentlichen Arbeitsamt in bezug auf die genannten Arbeiten an ihn gestellt wird, und sich ebenso an die Anordnungen des Stadtbaumeisters zu halten, welcher im Fall der Zuwiderhandlung gegen die obengenannten Artikel ein Protokoll aufnehmen wird, um es dem Bürgermeister vorzulegen, der sich für diesen Fall vorbehält, sofort einen anderen Unternehmer zu ernennen, und wenn durch den neuen Vertrag die Kosten diejenigen seines (des ersten Unternehmers) Angebots übersteigen, soll der Mehrbetrag von ihm (dem ersten Unternehmer) und von seiner Kaution getragen werden.

Art. 6. Demzufolge wird der Unternehmer innerhalb 24 Stunden nach der Annahme seines Angebots eine gute und z a h l u n g s f ä h i g e , h i n r e i c h e n d e   B ü r g s c h a f t in Immobilien oder Hypotheken stellen. Falls er die Frist verstreichen läßt, ohne diese Bedingung zu erfüllen, behält sich der Bürgermeister dasselbe Recht vor, einen anderen Unternehmer zu denselben Bedingungen zu ernennen, welche er sich im vorigen Artikel vorbehalten hat."

Wir sind uns mit Kirsch einig, daß das Verdingungswesen zu einem staats-, wirtschafts- und sozialpolitischen Problem erst mit dem Auftreten eines massenhaften Bedarfs im 19. Jahrhundert werden konnte. War bisher die Vergebungsart praktisch ganz in das Belieben des Beamten gelegt gewesen, so stellte eine zentrale und nach einheitlichen Gesichtspunkten aufgestellte und durchzuführende Regelung des staatlichen Beschaffungswesens den Gipfelpunkt der Wünsche des Gewerbes dar, man verlangte nach der "gesetzlichen Konkurrenz".

"Man vergißt über die Diskussion der Probleme des Verdingungswesens zu leicht, welche ungeheure administrative und technische Aufgabe dem Staate erwuchs. Es galt, an die Stelle weitgehenden freien Ermessens, des patriarchalischen Systems und oft auch der reinen Willkür ein bis ins einzelne geregeltes Verfahren anzuordnen, das nicht nur die vereinzelte Beschaffung in finanzieller, techischer und organisatorischer Beziehung zu einem geordneten Beschaffungswesen zusammenfaßte, sondern darüber hinaus sämtliche Beamten, die mit der Ausführung betraut waren, durch sich selbst - man möchte fast sagen: automatisch - zu korrekter und billiger Beschaffung zwang." (10)

Die großen Hoffnungen, welche man in die Einführung der Verdingung gesetzt hatte, erfüllten sich nicht. Man hatte geglaubt, das Verfahren werde die Anbieter zu genauer Kalkulation veranlassen und damit allen unüberlegten Angeboten ein Ende bereiten. "Stattdessen war das Verdingungswesen immer mehr der Tummelplatz rücksichtsloser Spekulanten geworden, während die Beamten im Laufe der Jahre ihre anfängliche Scheu vor den Gefahren geschäftlicher Tätigkeit völlig überwanden und das Instrument der Verdingung geradezu virtuos im Sinne des Fiskalismus zu handhaben lernten." (11)

Und über spezielle Berliner Probleme berichtet Wiedfeldt:

"Bei dem kolossalen Zustrom, der sich nach Berlin ergoß, konnte mit der Wohnungsbeschaffung nicht mehr auf die Bestellung gewartet, sondern es mußte sozusagen auf Vorrat produziert werden. Als nun durch den Fortfall des Befähigungsnachweises die Bahn für Jedermann frei wurde, warf sich eine Reihe kapitalkräftiger Leute aus den verschiedensten Schichten und Berufen auf dies neue Gewerbe. Aus der Kundenproduktion wurde der Häuserbau zum Spekulationsgewerbe. In dieser eigentümlichen Form ist der Großbetrieb ins moderne Berliner Baugewerbe eingezogen; ein Großbetrieb, der seine Überlegenheit gegenüber dem Handwerk aus der Verfügung über große Kapitalien, aus der geschickten Vereinigung der verschiedenen Bauberufe zu einem Ineinanderarbeiten und aus der kaufmännischen Ausnutzung günstiger Konjunkturen schöpft. Diese Bauunternehmer sind die eigentlichen Arbeitgeber in den Baugewerben, welche die Arbeiten an die Gewerbetreibenden ausgeben, die übrigens vielfach auch einige Arbeiten, wie namentlich die Maurer- und Zimmerarbeiten, in eigener Regie ausführen, die zum Teil andere Gewerbe in ihren Betrieb eingliedern, ja die häufig mit Umgehung der Meister für bestimmte Arbeiten Gesellen einstellen, z. B. Tischler. Das Bauunternehmertum hat die Zerreibung der Handwerksbetriebe in den einzelnen Baugewerben größtenteils verursacht und mindestens sehr beschleunigt. Auch das Submissionswesen, zumal wenn ohne irgendwelche Schranken (Auferlegung von Minimallöhnen, Begrenzung bei den durch Sachverständige geschätzten wirklichen Herstellungskosten u. a.) rücksichtslos die billigste Offerte adoptiert wird, hat mit zur Schädigung des Handwerks beigetragen, da es bei den Submittenten genauere technische Kenntnisse im Veranschlagen und größere kaufmännische Ausbildung voraussetzt, als bei vielen Handwerksmeistern vorhanden waren. Wenn übrigens, was durchaus nicht selten ist, ein Unternehmer gleich ganze Häuserblocks baut, so sind die kleinen

Betriebe schon von selbst von der Konkurrenz ausgeschlossen. Die größeren Geschäfte beschränken sich meistens auf die Ausführung der Arbeiten für sichere und kapitalkräftige Unternehmer; auch sind sie im Notfall imstande, zur Deckung eines großen Ausfalls das ganze Haus zu erstehen. Dagegen bleiben den weniger leistungsfähigen kleineren und mittleren Betrieben fast nur die Arbeiten für minder sichere, ja direkt schwindlerische Bauunternehmer, wo sie häufig nicht einmal das Material, geschweige den Arbeitslohn bezahlt erhalten. Durch derartige Schädigungen, über die man nicht nur in den specifischen Baugewerben, sondern auch in der Tischlerei, Klempnerei, Schlosserei u. s. w. klagt, wird die Lage der Kleingewerbtreibenden immer prekärer, zumal sie im Gegensatz zu den großen Betrieben eben durch den geringen Umfang ihres Geschäftes gezwungen sind, alles mehr oder minder auf eine Karte zu setzen. Sie suchen dann den Ausfall durch minderwertige Arbeit wieder wettzumachen, werden so konkurrenzunfähiger, müssen immer mehr nur unsichere Arbeiten übernehmen, bis schließlich doch der Zusammenbruch erfolgt." (12)

"Übrigens erstreckt sich die Schädigung durch den Bauschwindel nicht gleichmäßig auf alle Gewerbe. Die Maurer und Zimmerer werden am wenigsten davon betroffen, denn die muß der Bauschwindler genügend sicherstellen, damit der Bau überhaupt in Gang kommt; auch dienen sie meist als "Parademeister", zumal wenn sie als vorsichtig bekannt sind, durch deren Anführung die übrigen Meister desto sicherer auf dem Leim gelockt werden sollen. Die Dachdecker, Installateure, Ofensetzer, Tischler, Maler, Glaser, Schlosser u. s. w. werden dagegen sehr stark betroffen und zwar um so stärker, je mehr ihre Thätigkeit sich dem Abschluß des Baues nähert." (13)

In dem Erfahrungsbericht der Bautechnischen (Architekten- und Ingenieur-) und Gewerbevereine vom Jahre 1873 heißt es unter Punkt

"3) Bei der allgemeinen Konkurrenz mit Eröffnung der Offerten im öffentlichen Termine ist es vorgekommen, daß die Konkurrenten vor dem Termine zusammengekommen sind, die Arbeiten unter sich vertheilt, die Preise gemeinschaftlich festgestellt, auch einzelne Konkurrenten mit Geld abgefunden haben. Ferner hat der öffentliche Termin, dem durch die Oeffentlichkeit kontrolirte volle Unparteilichkeit der Beamten nachgerühmt wird, den Nachtheil, daß die Unternehmer die sämmtlichen auftretenden Konkurrenten kennen lernen und etwa neu hinzugekommene das nächste Mal für ihre Verabredungen zu gewinnen suchen können." (14)

58

Rothacker sieht in der Vorbildung, Erziehung und Stellung der Bau-
beamten ein wichtiges Kriterium für die Genesung des Verdingungswesens, wobei auch die Rivalität zwischen Techniker und Juristen eine
wichtige Rolle spielt.

"Befindet sich erst der Technikerstand auf dieser Bahn des Fortschritts
und der freien Entwicklung, so werden auch die üblen Erscheinungen,
die bisher dem Verdingungswesen anhafteten und schädlich auf Volkswirtschaft und Gewerbe wirkten, rasch und sicher verschwinden. Und zu
einem Vertrauensverhältnis und einmütigen Zusammenarbeiten von Bau-
beamten und Gewerbetreibenden ist auf der Seite der Behörden ein fester
Grund gelegt.

Wenn durch die Neuordnung die Verschwendung der öffentlichen Gelder
durch ungeeignete Baubeamte vermieden und die Heilung des
Verdingungswesens ermöglicht wird, so würden sich auch erhebliche
Mehrkosten der Verwaltung vielfach bezahlt machen." (15)

Geht man den älteren Aufzeichnungen nach, so lassen sich alle Mängel
des heutigen Submissionswesens erkennen, nämlich möglichst billige
Preise zu erhalten und dem Unternehmer möglichst alle Verpflichtungen
aufzuerlegen.

Die zahlreichen Submissionsblüten werden auf folgende Faktoren
zurückgeführt:

- die Annahme, daß bei der Ausführung von Tagelohnarbeiten die
  Verluste ausgeglichen werden

- unklare Ausdrucksweise bei den Kostenbeschreibungen, die eine
  vieldeutige Ausdrucksweise zulassen

- das Überlassen des Veranschlagens auch an ungeeignete Kräfte, deren
  Nichtkönnen oder Leichtfertigkeit zu den schwersten finanziellen
  Belastungen führt.

Ein beliebter Modus war schon damals die Herbeiführung von Rechenfehlern, indem sich gewitzte Unternehmer entweder bei der Summe der
Einheitspreise verrechneten oder bei der Addition der Einheitspreise auf
eine falsche Gesamtsumme kamen, um durch diese Hintertür den Auftrag
zu erhalten.

4.2   Die Delinquenten und ihre Motive

Bevor wir die möglichen Motive schildern, wollen wir versuchen, die tatsächlichen und potentiellen Täter zu ordnen. Da sind:

1) Deliktwillige
2) Deliktanfällige
3) Deliktunwillige.

ad 1)   Bei den Deliktwilligen handelt es sich um solche Personen, die gewissermaßen "wild"entschlossen sind, ein "Ding zu drehen".
Beispiel: Subventionsbetrüger

Für ihre "Betreuung" sind die Strafverfolgungsbehörden zuständig.
Hohe Geldstrafen nutzen hier wenig, dagegen können Freiheitsstrafen wirksam sein.

ad 2)   Bei den Deliktanfälligen handelt es sich um solche, die aus Ängstlichkeit und Trägheit bisher nicht mitgemacht haben, wo es aber nicht ausgeschlossen werden kann, daß sie ihre Trägheit "überwinden" und ihr Unrechtsbewußtsein verdrängen.

Der bauwirtschaftliche Alltag bringt viele Gelegenheiten, ins Deliktische abzugleiten, und man glaubt, man könne die "günstige Gelegenheit" nicht vorbeiziehen lassen.

Gelegentlich wird auch zu Mitteln gegriffen, die objektiv gesehen Delikte sind (z. B. Buchführungs- und Bilanzdelikte), wo aber die Absicht nicht auf das Delikt an sich gerichtet ist, sondern auf die Abwehr von ernsten Gefahren für das Unternehmen ("sie schlittern in die Delikte gewissermaßen hinein").

ad 3)   Die Gruppe der Deliktunwilligen könnte man unterteilen in solche, deren ablehnende Haltung gegenüber deliktischen Handelns e t h i s c h motiviert ist und solche, die ängstlichkeits- oder trägheitsmotiviert sind. Letztere wollen nicht einmal nachdenken, was man alles anstellen könnte, manchmal fehlt es auch an Phantasie, d. h. es ist nicht jenes Quäntchen Intelligenz - gemeint ist "Cleverness" oder Schlauheit - vorhanden, um überhaupt etwas anzustellen.

Wirtschaftsdelinquenten sind also keine "dummen" Leute. Sie sind raffiniert, geschickt, sie suchen und nutzen Verbindungen aus, haben häufig Berufserfahrung, sie beobachten sorgfältig ihre Mitmenschen, kennen häufig die Gesetze, und sie lassen sich juristisch beraten, um das "Entdecktwerden" zu verhindern oder wenigstens zeitlich möglichst weit hinauszuschieben.

Der Soziologe Edwin H. Sutherland hat 1939 den Begriff der "White-Collar-Criminality" als Terminus in die wissenschaftliche Diskussion eingeführt. Als Kriterium wollte er verstanden wissen:

- eine Straftat
- die von einer ehrbaren Person
- mit hohem sozialen Ansehen verübt wird, und zwar
- im Rahmen ihrer beruflichen Tätigkeit.

Sutherland ging es darum nachzuweisen, daß Kriminalität nicht biologisch, nicht psychologisch, nicht psychiatrisch, sondern allein soziologisch zu erklären sei.

Leitsätze seiner Lehre waren:

- kriminelles Verhalten wird gelernt; es ist nicht ererbt

- kriminelles Verhalten wird im Verkehr mit anderen Menschen gelernt, insbesondere im Rahmen persönlicher Beziehungen zu anderen Menschen

- was man lernt, umfaßt die Techniken, die Motivbildung und die Triebrichtung

- die spezifische Motiv- und Trieblenkung wird bestimmt durch die Auslegung der gesetzlichen Bestimmungen (Gesetze können als vorteilhaft oder unvorteilhaft für einen "ausgelegt" werden)

- jede Person assimiliert sich, sie wird von ihrer Gruppe und ihrem "way of living" angesteckt, man lernt kriminelles Verhalten, wie man seine Sprache oder einen Dialekt lernt.

Sutherland war der Auffassung, daß ehrenwerte Geschäftsleute, die die Gesetze verletzen, selten in Armut leben und selten soziale und persönliche Pathologien zeigen.

Sutherland würde - auf die Bauwirtschaft übertragen - formulieren:

- ein Planungsbüro, das mehr Stunden verrechnet als tatsächlich angefallen sind, macht dies nicht, weil es an einem Ödipuskomplex leidet

- ein öffentlicher Bauherr, der nur den Mindeststundensatz nach HOAI vergütet und damit einen Betrag gewährt, der bei 2/3 des tatsächlichen Aufwandes liegt, macht dies nicht, weil er emotional labil ist

- ein Bauunternehmer, der illegale Leiharbeiter beschäftigt, macht dies nicht wegen fehlender Nestwärme

- ein gemeinnütziges Wohnungsunternehmen, das laufend gegen das Gemeinnützigkeitsgesetz verstieß, machte dies sicher nicht, weil es keine Gelegenheit zu Ferien und Erholung hatte

- der Bauträger, der Subventionsbetrug begeht, macht dies nicht, weil er unter schlechten Wohnbedingungen aufwuchs.

Sutherland hat da schon recht: Diebstahl und Raub ist strafbar; spezifische Methoden von "big business" sind aber keiner Regelung unterworfen, und liegt wirklich eine vor, so ist nicht ausgemacht, daß deren Verletzung mit einer Strafsanktion versehen ist. Vielleicht sind andere Folgen der Gesetzesübertretung damit verbunden, vielleicht Geldbußen, die aber nicht den Charakter einer Geldstrafe tragen - man denke an das Gesetz über Wettbewerbsbeschränkungen - bei dem Verstöße nur als sog. "Ordnungswidrigkeiten" gelten.

Solche Institutionen pflegen nicht zu stehlen, weil sie nicht zu stehlen brauchen. Sie haben ihre eigenen Methoden, und ihre Catch-as-catch-can-Philosophie infiziert nicht nur die eigenen Kreise, sondern pflanzt sich fort.

Sie ist häufig die Voraussetzung für die Einstellung in die obere Gehaltshierarchie. In solchen Teilgruppen herrschen Vorstellungen über Recht und Moral, die mit den Wahrheiten, wie sie nach außen dargelegt werden, nach innen nicht gelebt werden.

Schon Erasmus von Rotterdam (1465 - 1536) stellte fest:

"Stiehlt einer ein Geldstück, dann henkt man ihn, wer öffentliche Gelder unterschlägt, wer durch Monopole, Wucher und tausenderlei Machenschaften und Betrügereien noch so viel zusammenstiehlt, wird unter die vornehmen Leute gerechnet."

Die Gegenständlichkeit und Sichtbarkeit von Tat und Schaden (ein getöteter Mensch, eine geklaute Brieftasche, ein aufgebrochenes Auto, ein "geknackter Tresor") fehlen bei Wirtschaftsdelikten. Es fehlt an nachweisbaren Fingerabdrücken, die "Operationen" vollziehen sich nicht in der Öffentlichkeit, sondern in den Büroräumen, in Hotel-Suiten, an Schreibtischen. Zwischen Tat und Opfer liegt eine große Distanz. Der Schaden ist "nicht greifbar", er läßt sich nur mit Mühe aus verschleierten Bilanzen, frisierten Baubüchern zahlenmäßig herausfiltern. Den Schaden trägt weniger der Einzelne als vielmehr die "Allgemeinheit", die Gesellschaft, der Staat.

Nicht alles, was wir an unserem Baum an "deliktischen Früchten" aufgehängt haben (vgl. Bild 19), ist kriminalisiert.

Betrug, Bestechung von Beamten sind kriminalisiert. Nicht kriminalisiert sind die Schwerstverstöße gegen die Prinzipien der freien Marktwirtschaft.

Einige von den oben erwähnten Tatbeständen (Täuschung, Betrug, Fälschung usw.) sind "Klassiker" der Bauwirtschaft, über manche Fälle haben schon unsere Vorfahren gelacht.

Einige haben mit der technischen Innovation Schritt gehalten, und dementsprechend sind sie raffinierter geworden:

o Baubuch für interne Zwecke

o Baubuch für den außenstehenden Prüfer.

So werden für verschiedene "Zielgruppen" unterschiedliche Abrechnungen vorgehalten.

Fragen wir danach, welches sind die Bodenschichten, aus denen die Wurzeln immer wieder ihre Nahrung ziehen, so kommen wir zu folgenden Ergebnissen:

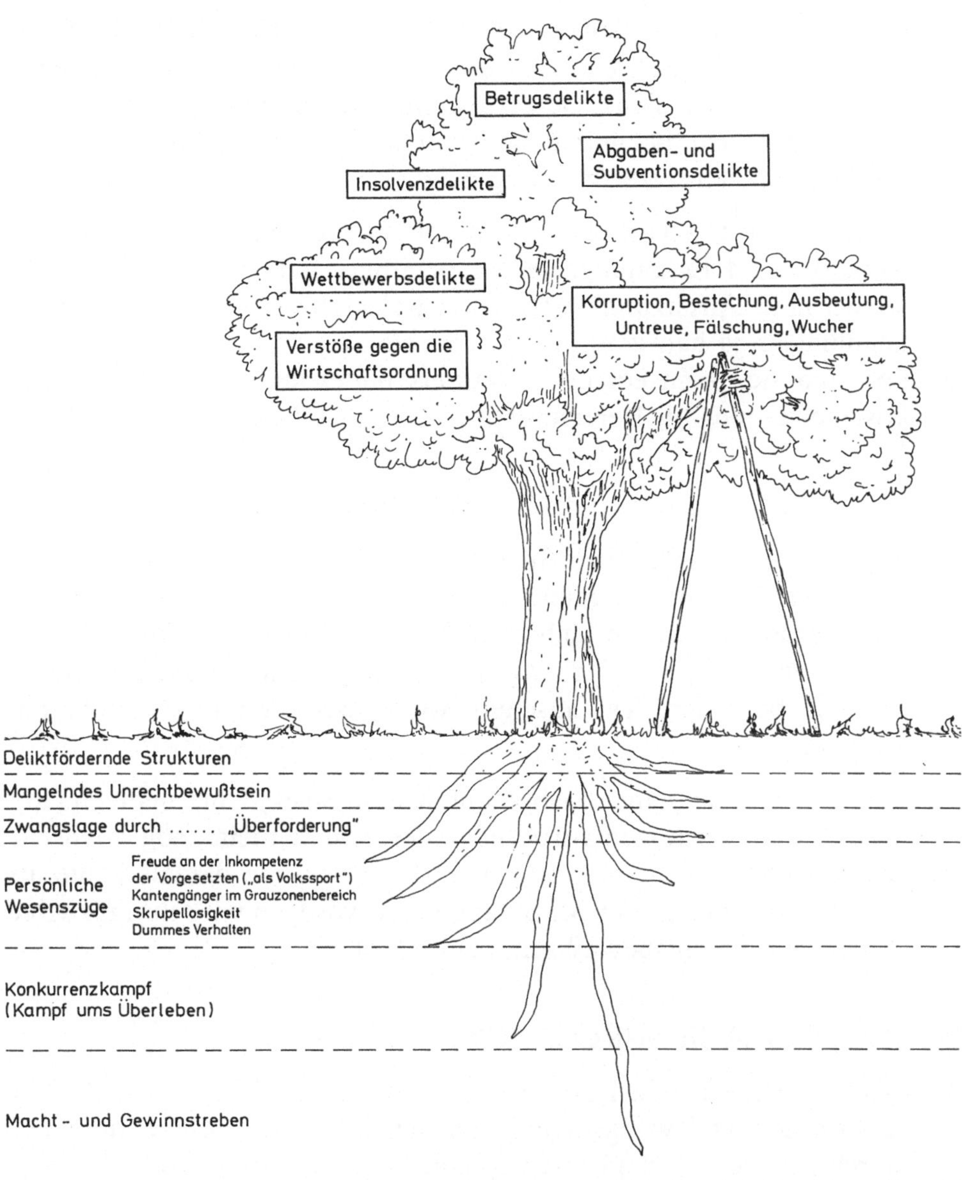

Bild 19:   Die Motive dargestellt als "Wurzelwerk"

1) An erster Stelle sollte man die DELIKTFÖRDERNDEN STRUKTUREN nennen. Zunächst ist es häufig der Gesetzgeber selbst, der durch seine Gesetzgebung die Schlupflöcher erst ausweist. Aber auch mangelnde Kontrollen und Schwerfälligkeit in diesen Institutionen reizen zur Sorglosigkeit.

Vor allem dort, wo öffentliche Einrichtungen mit der Regelung eines Vergabe- und Erstattungswesens beteiligt sind, bieten sich immer wieder neue Ansatzpunkte für wirtschaftsdeliktische Bereicherungshandlungen, ja häufig ein kaum vertretbarer Ansatz dazu, vor allem dort, wo sich kein echter Marktpreis bildet und damit die Selbstkostenerstattung als Berechnungsgrundlage üblich ist.

2) MANGELNDES UNRECHTSBEWUSSTSEIN

Planende und ausführende Institutionen, Investoren und Nutzer stehen einem System gegenüber, durch dessen gesetzliche Vorschriften und Verordnungen sie sich immer mehr eingeengt fühlen, dessen kostenverursachende Wirkung sie als ungerecht empfinden und es als eine besondere Tat ansehen, wenn hier Freiräume geschaffen werden.

Wenn dann noch jemand jahrzehntelang in einem Unternehmen tätig war, dessen Vermögen am Rande oder, wie er meint, sogar jenseits der Legalität erworben wurde und der Täter von damals heute als Wirtschaftspionier oder Mäzenat gefeiert wird, so wird ihm für seine Taten das Unrechtsbewußtsein häufig fehlen.

3) ZWANGSLAGE DURCH...."Überforderung"

Nicht selten entstehen durch fachliche, finanzielle und persönliche Überforderung Zwangslagen, aus denen der Betroffene nur noch durch eine deliktische Handlung herauszukommen glaubt.

4) PERSÖNLICHE WESENSZÜGE

Gewisse charakterliche Eigenschaften sollte man nicht verkennen. Da ist zunächst der SKRUPELLOSE. Er verfährt nach dem Grundsatz "ehrlich währt am längsten, aber Geschäft ist Geschäft."

Dann gibt es die "KANTENGÄNGER" IM GRAUZONENBE-
REICH. Wenn sich die Möglichkeit bietet, müssen sie etwas
"drehen".

Nicht zu unterschätzen sind jene Mitarbeiter, die die eigentliche Last
der Planungs- und Bauabwicklung tragen müssen, und die Freude an
der Inkompetenz der Vorgesetzten ihrer eigenen und der fremden
Institution haben und es gleichsam als "Volkssport" ansehen, da
mitzumischen.

Schließlich spielt "dummes Verhalten" eine nicht unbedeutende
Rolle.

Der Psychiater Prof. Horst Geyer hat ein 423-seitiges Essay über die
Dummheit, Ursachen und Wirkungen der intellektuellen Minder-
leistung des Menschen geschrieben. Interessant ist, wie Geyer sein
Thema strukturiert hat:

Einleitung: Dummheit als Weltmacht und allgemein als
menschliches Phänomen
1. Teil: Dummes Verhalten infolge zu niedriger Intelligenz
2. Teil: Dummes Verhalten trotz normaler Intelligenz
3. Teil: Dummes Verhalten infolge zu hoher Intelligenz
4. Teil: Kluges Verhalten bei geringer Intelligenz
Schluß: Vorteile der Dummheit, Intelligenz als Nachteil.

5) KONKURRENZKAMPF

Zweifelsohne führt der Kampf ums Überleben häufig an den Rand
der Legalität. Um "über die Runden zu kommen", werden Risiken
unterschätzt, daraus entstandene Verluste sollen dann an anderer
Stelle wieder wettgemacht werden.

Durch das Vorhandensein von Märkten wird häufig der Fehler
gemacht, bauwirtschaftliche Kriminalität dem marktwirtschaftlichen
System zuzuordnen. Doch im planwirtschaftlichen System gibt es
ebenso Delikte, nur mit anderen Schwerpunkten:

- Bestechung
- Korruption
- gefälschte Statistiken.

Wenn Kriminalität in östlichen Ländern auftritt, dann wird sie entweder als ein Relikt oder eine Aneignung bürgerlich-kapitalistischer Weltanschauung angesehen und als "Verbrechen gegen den Staat" oder als ein "Verbrechen gegen die Gesellschaft" deklariert. Doch jedem Wirtschaftssystem sind bestimmte Verhaltensweisen zugeordnet, es hat seine spezifischen Verbrechen und Verbrecher.

6) MACHT UND GEWINNSTREBEN

Im Zusammenhang mit dem Konkurrenzkampf ist das STREBEN NACH MACHT, nach Einfluß um jeden Preis, zu sehen. Das Streben nach Gewinn wird zur Gewinnsucht. Zu fragen wäre, warum selbst Multimillionäre mehr und mehr Geld anhäufen.

Versuchen wir, die Bodenschichten auf den Fall Kaußen zu übertragen.

"Der Vater war Arbeiter und schickte seinen Sohn sonntäglich als Meßdiener in die Kirche. Beide Eltern starben früh. Der Zurückgebliebene stieg von dem Studium der Philosophie, Psychologie und Germanistik auf das Studium der Betriebswirtschaftslehre um. Als Assistent bei Professor Erich Gutenberg verdiente er sich die ersten Lorbeeren. Der Doktorvater erinnert sich: 'Er war hochintelligent, ein klarer Kopf, präzise in seiner Arbeit und ein Mann von zupackender Energie. Er war der Beste, das haben alle anerkannt.'

Zum Abschluß der Dissertation ist es nicht mehr gekommen. Eine Tante hatte dem 29jährigen ein altes Zweifamilienhaus in Bonn-Bad Godesberg vermacht. Er renovierte seinen ersten Altbau und vermietete ihn an ausländische Diplomaten. Zwei Jahre später verfügte er erneut über ausreichende Mittel, um ein weiteres Haus zu kaufen und zu renovieren. Schon früh muß ihm dabei das Geschäft mit den betagten Bauten aus der Zeit nach der Jahrhundertwende aufgefallen sein. Kaum jemand erwarb zu jener Zeit solche Altbauten. Er hingegen griff zu, wo er nur konnte: zuerst in Köln, dann in Berlin und Hamburg, im Ruhrgebiet, in Düsseldorf und in Wiesbaden. Schließlich übersprang er sogar die Landesgrenze und kaufte in den Vereinigten Staaten und in Kanada. Sein Imperium umfaßte in den besten Zeiten rund 10.000 Wohnungen in der Bundesrepublik und nochmals ebenso viele in Nordamerika." (16)

"Bei diesem Geschäft mit der Ware Wohnung bewegte Günter Kaußen sich stets im Rahmen der gesetzlichen Möglichkeiten, was allerdings weniger über ihn und mehr über das Mietrecht aussagt. Auch im Steuerrecht hatte er einen sicheren Blick für die Möglichkeiten, den Staat mitbezahlen zu lassen. Die Investitionen, die schon seine Mieter bezahlten, wurden nochmals beim Finanzamt abgesetzt und die Wertverbesserung steuersparend angelegt." (17)

"Günther Huppertz, der über zwei Jahre als sein technischer Leiter angestellt war, kündigte Anfang 1984 seinen Arbeitsvertrag: 'Ich hatte den Eindruck gewonnen, daß er die Grenze vom Genie zum Wahnsinn überschritten hatte.' Am 14. April 1985 erhängte sich Günter Kaußen im Alter von 57 Jahren." (18)

Als Bodenschichten kommen also in Frage:

1) deliktfördernde Strukturen
2) mangelndes Unrechtsbewußtsein
3) Skrupellosigkeit
4) dummes Verhalten infolge zu hoher Intelligenz
5) Macht- und Gewinnstreben.

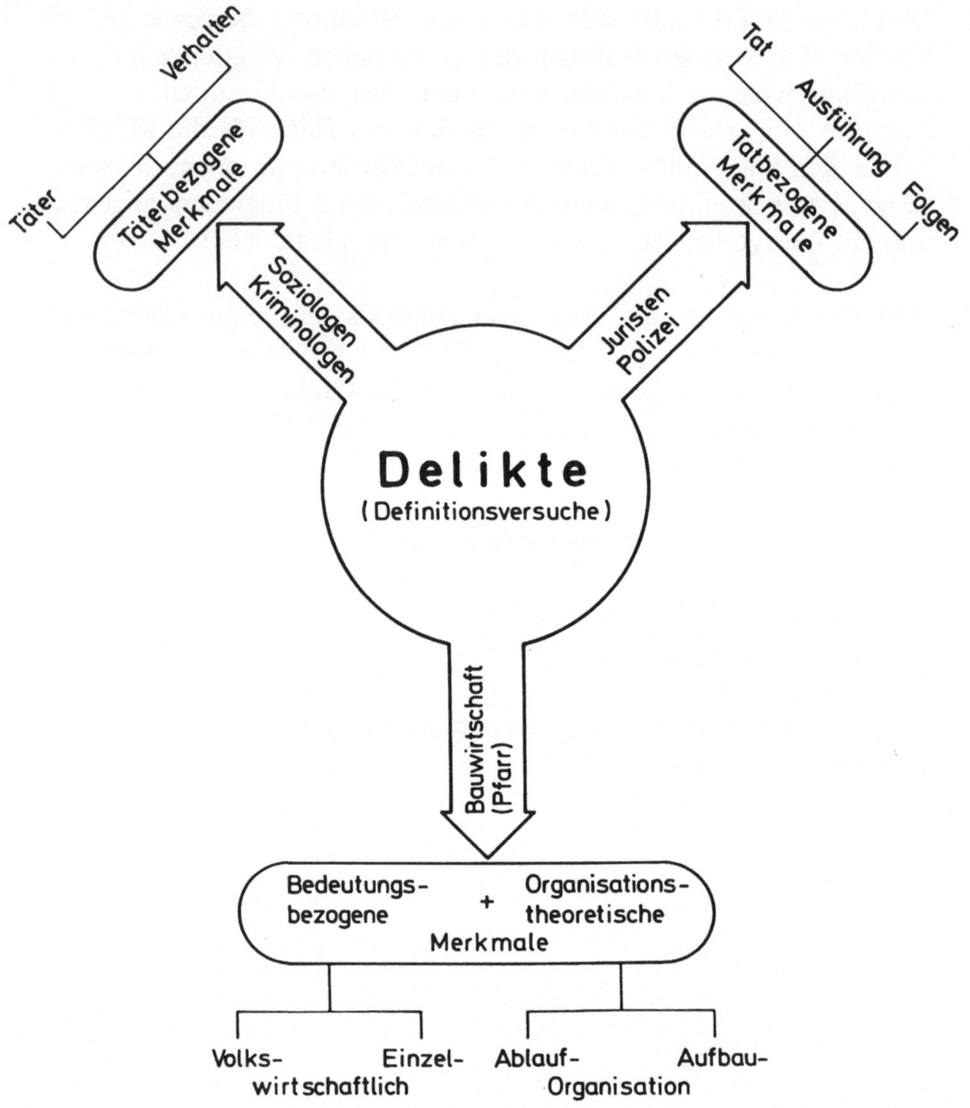

Bild 20:   Definitionsversuche von Delikten und ihren Merkmalen

4.3 Die Delinquenten innerhalb der Aufbau- und Ablauforganisation

Bauwirtschaftliche Delikte werden nur in wenigen Fällen von "Einzeltätern" begangen. Wenn man ihnen auf die Spur kommen will, müßten bedeutungsbezogene und organisations-theoretische Merkmale in die Betrachtung einbezogen werden (vgl. Bild 20).

Definitionen sind Sprachregelungen über die Verwendung eines bestimmten Wortes. So können Delikte als unlautere Handlungen und Verhaltensweisen, die entweder auf dem Mißbrauch des entgegengebrachten Vertrauens oder einer Machtstellung beruhen, definiert werden. Man könnte aber auch formulieren, Delikte sind alle "unsauberen" Praktiken am Rande der Legalität sowie Handlungen gegen das im Wirtschaftsverkehr unerläßliche Maß an Treu und Glauben.

Soziologen wie Sutherland, Kriminologen wie Mergen gehen von täterbezogenen Merkmalen aus, sie stellen den Täter und sein Verhalten in den Vordergrund.

Solche täterbezogenen Merkmale sind:
- hohe soziale Stellung, Ansehen und Macht
- fehlendes Unrechtsbewußtsein
- Intelligenz, Raffinesse, Schläue, List, Gerissenheit.

Das Verhalten des Delinquenten ist auf Bereicherung ausgerichtet, von einer unkontrollierbaren Gier nach Gewinn.

Justiz und Polizei (Tiedemann, Zirpins/Terstegen) stellen tatbezogene Merkmale in den Mittelpunkt:
- Tat (Erscheinungsform)
- Ausführung (Begehungsform)
- Folgen (Beeinträchtigung, Störung oder Gefährdung der wirtschaftlichen Ordnung, Sozialschädlichkeit).

Sie stellen als Tatwaffe den Delikt heraus und den Mißbrauch legaler Gestaltungsmöglichkeiten und die Tatsache, daß Affekt und Phantasie kaum erregt werden. Der fehlende affektive Gehalt führt zu fehlendem Unrechtsbewußtsein, man spricht von Kavaliersdelikten.

Um bauwirtschaftlichen Delikten nachzugehen, empfiehlt es sich, bedeutungsbezogene Merkmale (wie volkswirtschaftlicher und einzelwirtschaftlicher Art) und organisationstheoretische Merkmale (die den Ablauf und den Aufbau betreffen) in die Überlegung miteinzubeziehen.

Bei der volkswirtschaftlichen Bedeutung geht es darum, wie gesamtwirtschaftliche Leistungsprozesse innerhalb einer Wirtschaftsordnung ablaufen können.

Wirtschaftsordnungen sind Erfindungen des menschlichen Geistes, ihre Etablierung, Beibehaltung und Sicherung basieren auf EINSICHT und auf KONVENTION.

Das Wirtschaftssystem der Bundesrepublik wird als "Soziale Marktwirtschaft" bezeichnet. Mit der Beifügung des Wortes s o z i a l soll der Unterschied gegenüber der l i b e r a l e n , einer sich selbst überlassenen und bei Störungen selbst heilenden Wirtschaft verstanden werden. So soll dem Starken nicht freie Hand in der Ausbeutung der Schwachen gelassen werden. Der Ausgleich der Wirtschaftsinteressen und ihrer Träger soll nicht im freien Kampf, sondern durch Einwirkung des Staates mittels Gesetzgebung und Verwaltung geschehen.

Wenn nun einzelne Mitglieder dieses Gemeinwesens oder Gruppen gegen diese Ordnung verstoßen, werden Störungen des gewollten gesamtwirtschaftlichen LEISTUNGSPROZESSES erfolgen.

Die Bau- und Wohnungswirtschaft muß als Subsystem der Volkswirtschaft gesehen werden. Das heißt, auch für das Subsystem gilt, daß alle Teilnehmer am bau- und wohnungswirtschaftlichen Leistungsprozeß die allgemeinen Spielregeln (die gültigen Gesetze) einhalten. Adam Smith hat in seinem - von ihm selbst als Hauptwerk empfundenen - Buch "Theory of Moral Sentiments" darauf hingewiesen, daß das von ihm entwickelte System einer freien Wirtschaft nur funktionieren könne, wenn alle Marktteilnehmer die geltenden Gesetze beachten würden. Auch bei Liberalen der jüngeren Zeit - wie Eucken und Röpke - finden wir ähnliche Äußerungen.

Die EINZELWIRTSCHAFTLICHE BEDEUTUNG ist darin zu sehen, daß die Unternehmung als "Instrument" dient oder als "Angriffsobjekt" geschädigt wird, d. h. Einbußen an Ertragsbestandteilen erleidet oder überhöhte Aufwendungen hinnehmen muß, die den Reingewinn vermindern (vgl. Bild 21).

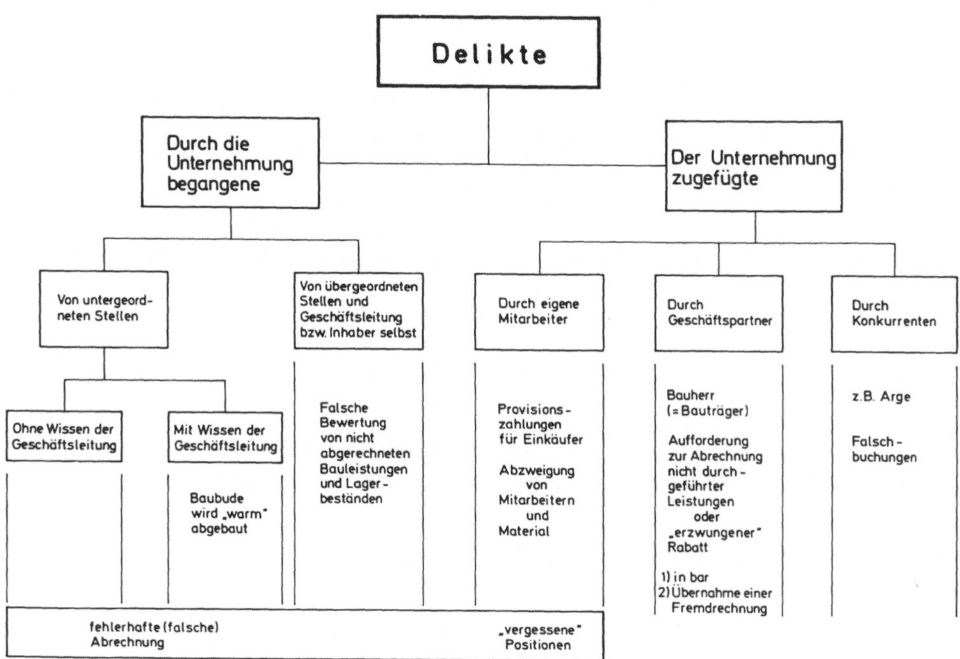

Bild 21: Die Unternehmung (in diesem Fall ein Baubetrieb) als "Instrument" und als "Angriffsobjekt"

Da ist zunächst das "breite Band" im AVA-Bereich (Ausschreibung - Vergabe - Abrechnung), wo ohne Wissen der Geschäftsleitung eine fehlerhafte Abrechnung erstellt wird oder wo sich der Bauleiter mit den Massen, die der anderen Seite "unter die Weste gedrückt" worden sind, gegenüber der Geschäftsleitung brüstet, um eine Prämie zu ergattern, bis hin zu der "vergessenen" Position, weil man unter dem zeitlichen Abrechnungsdruck nicht alle Positionen aufgenommen hat, oder wo dem Auftraggeber einiges bewußt nicht in Rechnung gestellt werden soll.

Bei den durch eigene Mitarbeiter der Unternehmung zugefügten Delikten handelt es sich meist um vorsätzliche oder fahrlässig schadenverur- sachende Verstöße gegen die Ordnung im Betrieb. Hier wird gegen Ge- wohnheit, Anweisung, Arbeitsordnung usw. verstoßen, und die "Schlam- perei" bezieht sich auf Geld und Leistungen:

- Ein Mitarbeiter richtet sich während der Normalarbeitszeit so ein, daß dringende Arbeit zurückbleibt, und macht dann bezahlte Überstunden.

- Ein Mitarbeiter macht wegen dringender Arbeiten bezahlte Überstunden, bleibt aber länger als notwendig.

Es entstehen ü b e r h ö h t e Bezüge.

- Ein Mitarbeiter wird - durch die Mithilfe eines anderen - höher eingestuft.

- Ein Mitarbeiter bezieht aufgrund gefälschter Unterlagen unberechtigt Provision.

Es entstehen u n b e r e c h t i g t e Bezüge.

- Ein Mitarbeiter läßt sich vom Verkäufer Vorteile in Geld oder Geldwert gewähren, die sich im Preis niederschlagen.

- Ein Mitarbeiter vergibt "Gefälligkeitsaufträge" zu überhöhtem Preis.

Es entstehen "ü b e r h ö h t e E i n k a u f s p r e i s e".

- Ein Mitarbeiter erledigt private Geschäfte während seiner Arbeitszeit.

- Ein Mitarbeiter läßt von Betriebshandwerkern im privaten Bereich Reparaturen durchführen.

- Ein Mitarbeiter "zweigt" von Materialien für das Unternehmen Teile für den privaten Bedarf ab.

Dieser "Leistungs"katalog ließe sich beliebig erweitern.

Organisationstheoretische Merkmale beziehen sich auf die Ablauf- und Aufbauorganisation. Nach dem gegenwärtigen Stand der Forschung können wir drei Begriffsinhalte der Organisation herausfinden:

1)   Organisation als Tätigkeit
2)   Organisation als Ergebnis
3)   Organisation als Sozialgebilde.

Der letzte Punkt interessiert uns in diesem Zusammenhang, d. h. es geht um den künstlich geschaffenen Organismus, innerhalb dessen die Menschen in einem Betrieb einer gemeinschaftlichen Zielsetzung unterworfen sind.

Die Organisationspraxis unterscheidet ferner zwischen Aufbau- und Ablauforganisation, obwohl es sich hier nicht um zwei verschiedene Arten der Organisation handelt, sondern lediglich um zwei verschiedene Betrachtungsweisen desselben Betrachtungsobjektes, denn erstere klammert den räumlich-zeitlichen Aspekt aus, und letztere vernachlässigt den instantiellen.

Wenn man nur drei Institutionen (z. B. Bauherr, Planer und bauausführender Betrieb mit ihren Aufbauorganisationen) verknüpft (vgl. Bild 22), dann erkennt man leicht, wieviele Beziehungen entstehen können, denn mit der Übertragung einer Aufgabe an einen Aufgabenträger, d. h. mit dem "In-Beziehung-treten" von Sachaufgabe und Person, entsteht - organisatorisch gesehen - eine Funktion. In Wirklichkeit ist es aber ein viel komplexeres Beziehungsgeflecht (vgl. Bild 23).

Innerhalb der Aufbauorganisation sollen nun Personen ausfindig gemacht werden, bei denen es möglich ist, Ablauforganisationen auszukundschaften und später auszunutzen, Entscheidungsprozesse "anzuzapfen" und eventuell sogar zu beeinflussen. Hier wird nicht auf Zerstörung hingearbeitet, sondern hier hat man eher das Gegenteil im Auge. Die "Bedürfnis"-Lage des Personenkreises ist so vielseitig wie das Organisationsmuster.

In einem Brief an den Vorstand der Baukammer vom 23.9.1985 heißt es:

"-   Die Übergabe von Umschlägen mit der Aufschrift wg. Statik ist allgemein bekannt.

-   Geldwerte Übertragungen beim Eigentumswechsel von Autos, Grundstücken, Sportbooten usw. sind sehr beliebt.

-   Antiquitäten und Kunstwerke schmücken das Heim. Dem Tausch von Briefmarken kann man Legalität nicht absprechen.

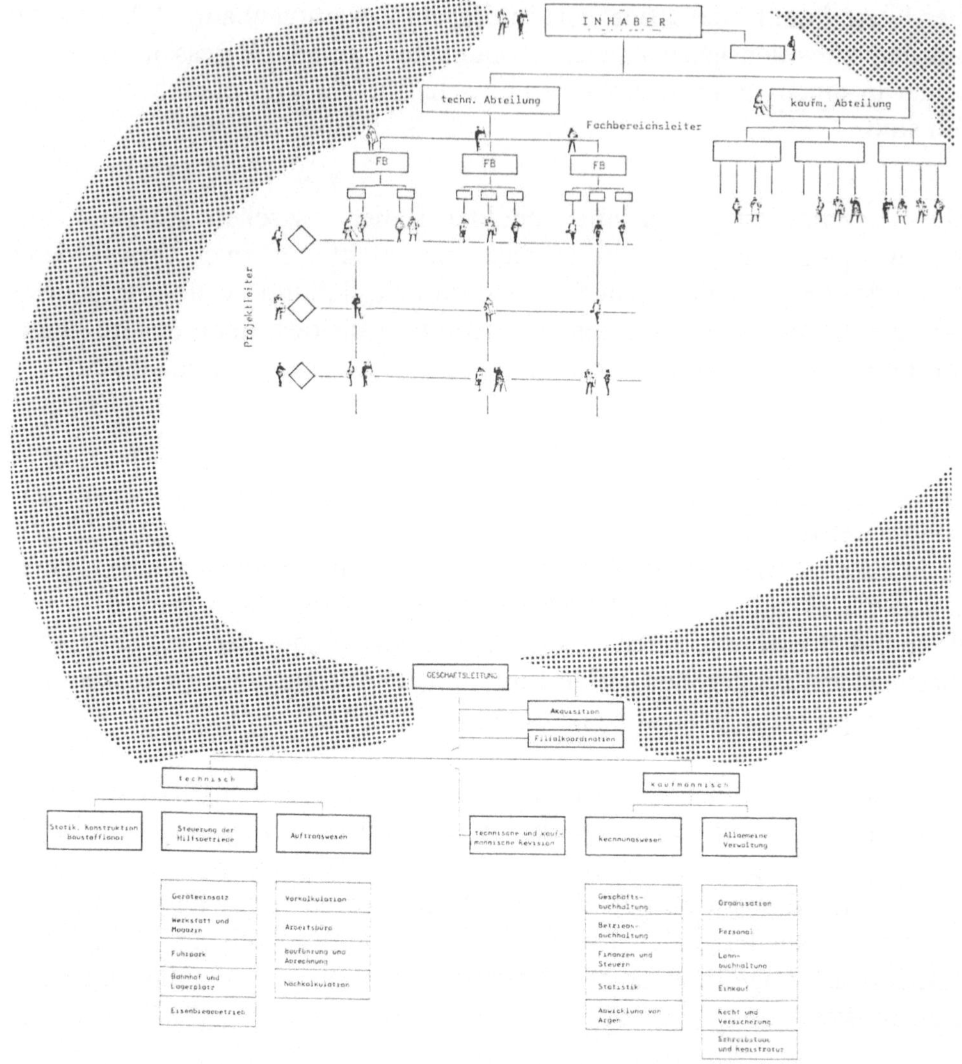

Bild 22:   Verknüpfungsgewebe von drei Ablauforganisationen

-   Kostenlose Bauleistungen für Privatbauten mindern die Baukosten.

-   Spenden an Geldwaschanlagen, Vereine und Parteien erreichen steuerbegünstigt den Empfänger.

-   Bau-Mafia, Vetternwirtschaft, Genossen und Filz waren Schlagzeilen in der Presse.

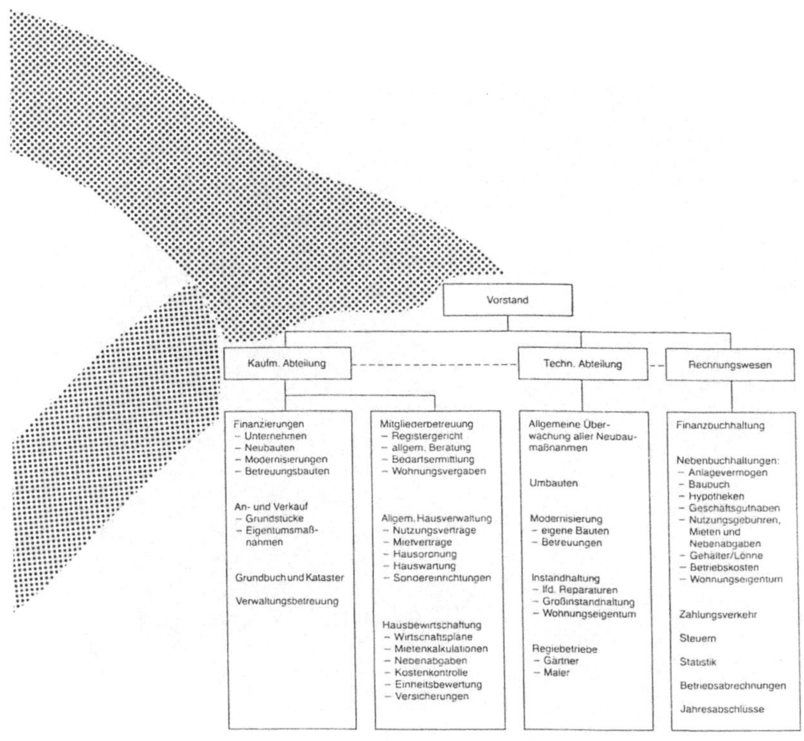

- Das Angebot von Dienstleistungen, wie Urlaubsreisen, Bordell-
  besuche, Kuren in Thermalbädern, ist vielseitig.

- Von der Frau Gemahlin werden Teppiche, Goldstücke, Schmuck,
  Pelze und Möbel für das Kinderzimmer gern entgegengenommen.

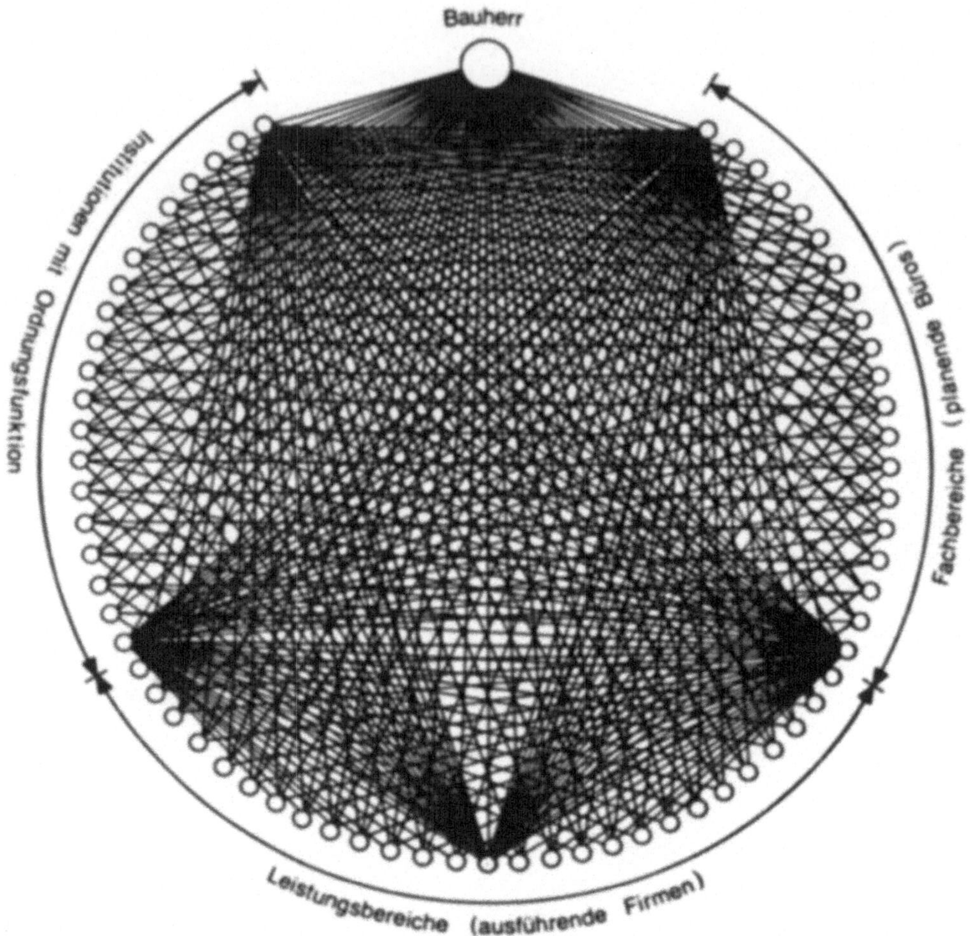

Bild 23:   Beziehungsgeflecht bei einem komplexen Bauvorhaben

Diese Praktiken sind so selbstverständlich erfolgt, daß ein Unrechtsbewußtsein völlig fehlen muß. Die Zuwendungen werden am Ende durch
Verteuerung der Bauleistungen finanziert, und zwar durch überhöhte
Aufmaße, Bezahlung von nicht erbrachten Leistungen und durch Nach-
tragsangebote. Da die öffentliche Hand an den meisten Bauvorhaben
finanziell beteiligt ist, zahlt zuletzt der Steuerzahler."

Sind die Organisationen entsprechend groß, können sie natürlich auch mehr bieten, z. B. einen Ausbildungsplatz für ein Familienmitglied oder einen neuen Arbeitsplatz für einen, der sich zu weit vorgewagt hat.

Doch die Delinquenten treten nicht nur als Personen auf, sondern auch im Gewand des amtlichen Baupreisindex, der zur Hochrechnung verwandt wird, oder in Form von "Haus-Nummern" der höchstrichterlichen Rechtsprechung (z. B. 40 : 60 Regelung).

Ablauforganisationen werden häufig als Netzpläne dargestellt, bei denen Handlungen durch Pfeile gekennzeichnet werden sowie Beginn und Ende des sog. Ereignisses durch einen Kreis symbolisiert wird. Der bauwirtschaftlich Versierte ist also meist in der Lage, hypothetische Abläufe der kriminellen Handlungen zu entwerfen (Kriminogramme), da sich immer nur gewisse Aktivitäten für deliktische Handlungen eignen.

Der Verfasser führt aus grundsätzlichen Überlegungen solche Kriminogramme hier nicht vor.

4.4　Zur Standortbestimmung von Fehlentwicklungen und Deliktfeldern

Greifen wir das Raster des Bildes 14 wieder auf und kartieren hier Standorte von möglichen Fehlentwicklungen und Deliktfeldern, dann erhalten wir einen Überblick in Bild 24.

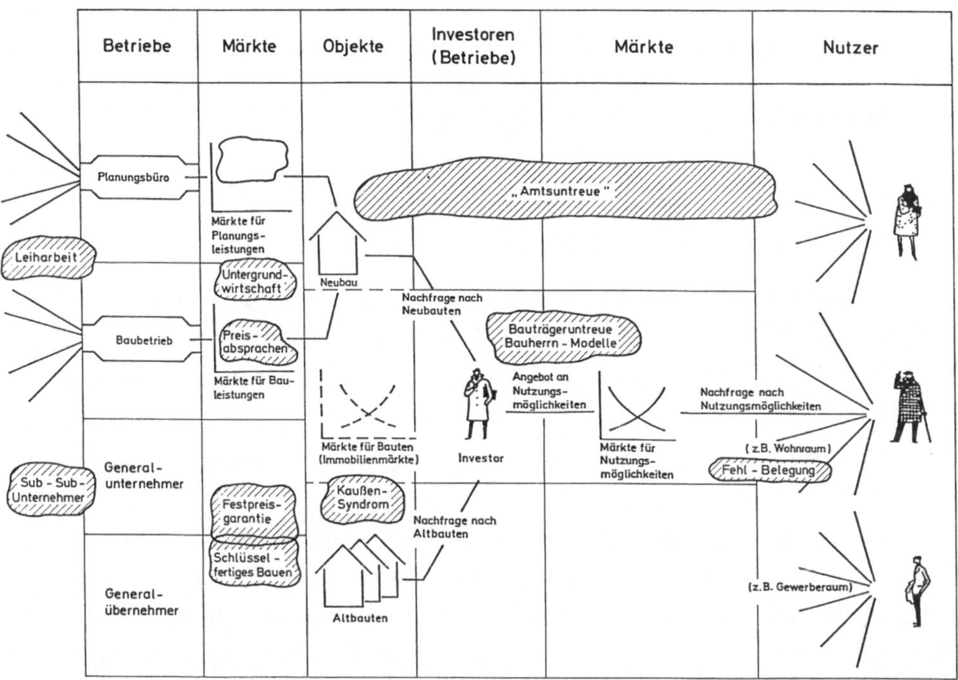

Bild 24:　Standortbestimmung von Fehlentwicklungen und möglichen Deliktfeldern

Zu jedem der dort angegebenen Problemfelder liegen dem Verfasser ganze Aktenordner vor. Innerhalb dieser Veröffentlichung sollen sie mit unterschiedlicher Breite und Tiefe erläutert oder aus Platzgründen nur erwähnt werden (z. B. Fehlbelegungsabgabe).

Andere werden im größeren Zusammenhang dargestellt. Zum Beispiel betrachtet der Verfasser Festpreisgarantie und schlüsselfertiges Bauen in Verbindung mit soliden Generalunternehmern nicht als Fehlentwicklung.

In einer eigenartigen Konstruktion mit sog. Objektgesellschaften und Generalübernehmern für den subventionierten sozialen Wohnungsbau (siehe Abschnitt Exkurs) durchaus als ein Phänomen, dem man mit aller Vorsicht gegenüberstehen sollte.

Die am Planungs-, Bau-, Investitions- und Nutzungsprozeß beteiligten Betriebe sowie die zwischen ihnen liegenden Märkte haben jeweils ihre charakteristischen Merkmalsausprägungen.

In einem marktwirtschaftlichen System geht es um gewisse Prinzipien, und man wird immer mit dem Gewinn konfrontiert. Daher haben wir uns im 3. Kapitel vorab damit auseinandergesetzt, denn sonst wird man leicht "in eine Ecke gestellt", in die man gar nicht gehört.

I)   LEIHARBEIT, SUB-SUBUNTERNEHMERTÄTIGKEIT,

     UNTERGRUNDWIRTSCHAFT

In unserem Fahndungsraster haben wir LEIHARBEIT, SUB-SUBUNTERNEHMERTÄTIGKEIT bei den vorgelagerten Märkten, die UNTERGRUNDWIRTSCHAFT bei den nachgelagerten Märkten angesiedelt.

Die Nebentätigkeit von Gesellen wurde als sog. "Störarbeit" bezeichnet und ist schon im Mittelalter durch Urkunden belegt.
"Bereits in der Zimmerordnung von 1555 verbieten die Meister das Stören der Gesellen, es sei denn, es geschehe mit Wissen und Bewilligung der Meister. In den Maurerartikeln wird 1564 die Beiarbeit zum ersten Male erwähnt, es heißt darüber: "Kein Meister soll dem Gesellen erlauben, auf Arbeit zu gehen, er sei denn vom Bauherrn darum angesprochen." Spätere Ordnungen erlauben die Beiarbeit, soweit sie den Betrag von 12 Groschen nicht überschreitet. Bei dieser Festsetzung blieb man auch noch im 19. Jahrhundert. Die Meister bekämpften die Beiarbeit nicht nur, weil sie die Konkurrenz der Gesellen fürchteten, sondern auch, weil die Beiarbeit andere Übelstände zur Folge hatte. Den Gesellen ging die Beiarbeit vor, sie kommen später zur Arbeit, laufen früher weg und kommen Montags gar nicht (guten Montag machen), um ihrer eigenen Arbeit nachzugehen. 1611 klagen die Zimmermeister darüber, die Gesellen nehmen auch am Tage viel Pfuscherarbeit an, machen dabei ihr Handwerkszeug stumpf und schärfen es, wenn sie zu ihrer rechten Arbeit kommen. Was die Bekämpfung der Beiarbeit anbetrifft, so hatten die Meister damit wenig Erfolg, nur das Errichten von Feuerstätten durch Gesellen haben sie verhindert, da ihnen hier wegen der Feuersgefahr die Behörden der Stadt zu Hilfe kamen." (19)

Während früher die soziale Lage der Arbeiter sicher dazu beitrug, daß sich viele genötigt sahen, "Störarbeit" zu verrichten, sind es heute die sozialen Lasten, die auf dem Lohn ruhen, daß vor allem der private Investor eine neue Rechnung aufmacht (vgl. Bild 25).

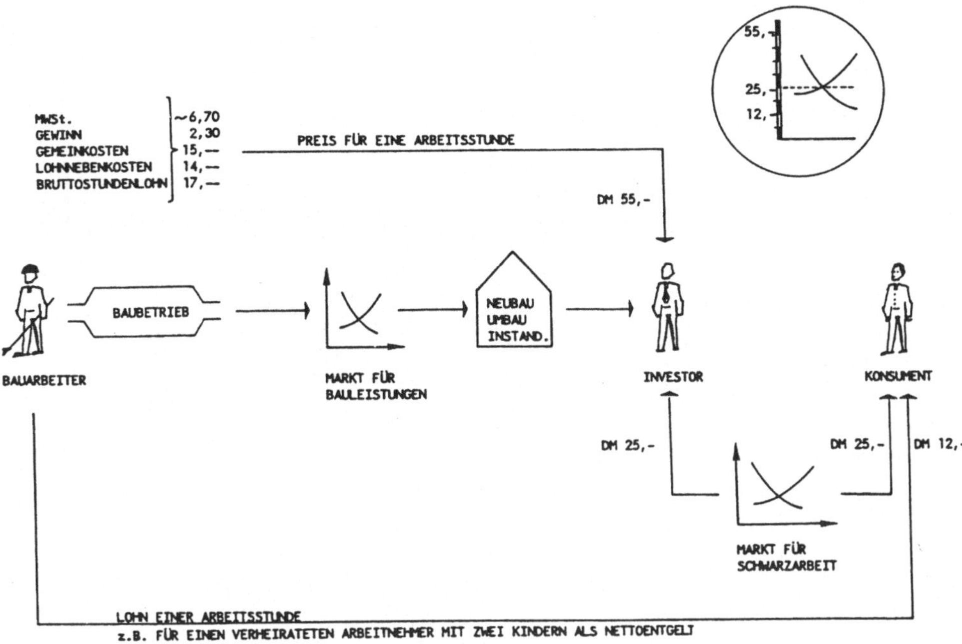

Bild 25: "Welten" liegen zwischen dem Preis und dem Lohn für eine Arbeitsstunde

Nach Bild 25 liegt der Lohnspielraum für Schwarzarbeit (1984/85) in einer Spanne zwischen 12,00 DM (Nettoentgelt des Arbeitnehmers) und 55,00 DM Endpreis für den Bauherrn. Einigte sich also der "Schwarz"-Arbeiter mit dem "Schwarz"-Arbeitgeber auf einen Stundenlohn von 25,00 DM, so sind beide gut weggekommen. Der Bauherr zahlte weniger als die Hälfte des normalen Marktpreises, der andere kassierte mehr als das Doppelte von dem, was er bei regulärer Arbeit bekommen hätte.

Zunächst sollte man - wenn man den Systemaspekt zu Hilfe nimmt - die offizielle Wirtschaft von der Schattenwirtschaft abgrenzen (vgl. Bild 26)

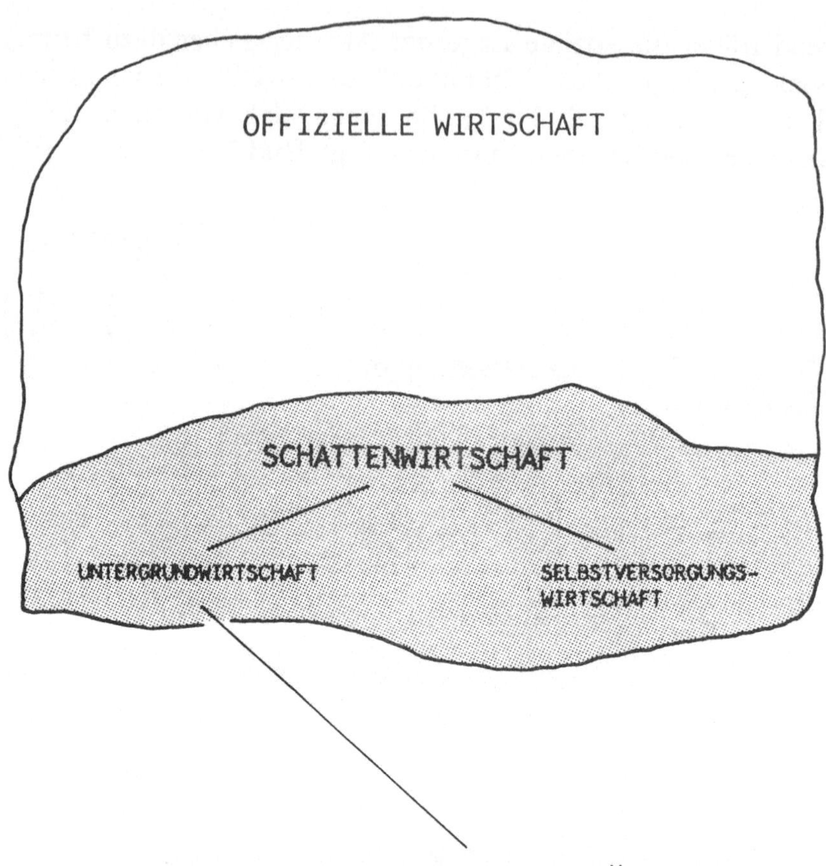

WIRTSCHAFTLICHE TÄTIGKEIT

	LEGAL	ILLEGAL
MIT ABGABEN- HINTER- ZIEHUNG	VERKAUF VON SACH- UND DIENSTLEI- STUNGEN OHNE RECHNUNG	SCHWARZARBEIT .... EINNAHMEN AUS LEIHARBEIT

Bild 26:   Abgrenzungskriterien der Schattenwirtschaft

und diese in eine Untergrundwirtschaft und Selbstversorgungswirtschaft aufteilen. Bei den privaten Haushalten gibt es eine Reihe von legalen wirtschaftlichen Aktivitäten, wie Hausarbeit, echte Nachbarschaftshilfe und ehrenamtliche Tätigkeit. Da für solche Tätigkeiten keine Abgabenpflicht besteht, kann auch keine Abgabenhinterziehung vorliegen.

Anders sieht es bei der Untergrundwirtschaft aus, hier üben private Haushalte und Unternehmen legale und illegale Tätigkeiten mit Abgabenhinterziehung aus. Zu erheblichen Steuerausfällen führen Geschäfte "ohne Rechnung".

Nach H. Burgert (siehe Bauwirtschaft, Heft 16/17 1981, S. 579) kommt Schwarzarbeit in fünf Variationen vor:

Da gibt es:

a) Die illegal Eingeschleusten, die ohne offizielle Arbeitserlaubnis eine Beschäftigung annehmen, und
   1. die ihre Entlohnung von meist obskuren Arbeitgebern "in die Hand" erhalten, oder
   2. für die trotz der nicht vorhandenen Arbeitserlaubnis die Steuer- und Sozialabgaben einbehalten und abgeführt werden.

b) Die Gruppe der "fleißigen" Frauen und Männer, die, obwohl sie Empfänger von öffentlichen Unterstützungen (Arbeitslosengeld, Bafög, Sozialhilfe usw.) sind, einer regelmäßigen oder sporadischen Nebenbeschäftigung nachgehen, ohne das dafür erhaltene Entgelt dem Zugriff anderer auszusetzen.

c) Die große Zahl der noch Fleißigeren, die trotz Erfüllung ihrer Pflichten bei ihrem Erstarbeitgeber nach Feierabend und an den Wochenenden ein Zubrot oder auch manchmal ein Zweitgehalt verdienen, wobei
   1. die einen die Beträge versteuern,
   2. die anderen jedoch den Fiskus draußen vor der Tür lassen.

d) Die immer größer werdende Zahl der Mitbürger, die den Vorteil erkannt haben, ihre Nebeneinnahmen zu Lasten der bezahlten Arbeitszeit ihres Arbeitgebers zu realisieren.

Dies kann geschehen,
1. während der testierten Krankheitszeit, oder aber auch
2. am Schreibtisch bzw. im "Außendienst" in Wirtschaft und Verwaltung.

In unter 2. aufgeführten Fällen gibt es wieder die Unterscheidungen nach Punkt c) 1. und 2.

e) Schwarzarbeit sehe ich jedoch auch bei der "heiligen Kuh" der sanktionierten (oder auch nicht: siehe Poullain-Prozeß in Münster) Nebenbeschäftigung - oft als Forschungsarbeit oder Beratertätigkeit deklariert - der Universitätsprofessoren, der Chefärzte und anderer hochdotierter Spezialisten.

Merkwürdig ist auch, wie die Gerichte dies beurteilen:
"Wer nur einmal arbeitet, ohne Steuern zu zahlen, macht sich noch nicht als Schwarzarbeiter strafbar. In einer kürzlich veröffentlichten Entscheidung kommt das Oberlandesgericht Zweibrücken zum Ergebnis, daß bar bezahlte Gipserarbeiten an einem Neubau als einmaliger Auftrag noch keine, im Sinne des Gesetzes verbotene, Schwarzarbeit seien.

Der 1. Strafsenat des OLG sprach mit dieser Begründung vier Gipser und einen Bauherrn frei. Die Handwerker waren von dem Bauherrn in der Nähe von Ludwigshafen für 15 DM pro Stunde zu Gipserarbeiten an einigen Wochenenden zur Fertigstellung eines Neubaus engagiert worden, weil die eigentlich beauftragte Gipserfirma Betriebsferien hatte. Als die Handwerker bei den Arbeiten von der Polizei überrascht wurden, gaben sie dieser gegenüber den Vorwurf der Schwarzarbeit zu. Das Amtsgericht Ludwigshafen verhängt daraufhin Bußgelder von 2000 DM für den Bauherrn und je 300 DM für die Gipser.

Das Gericht begründete die Aufhebung dieses Urteils unter anderem mit dem Argument, das Gesetz zur Bekämpfung von Schwarzarbeit greife erst, wenn ein auf Gewinn gerichtetes gewerbsmäßiges Handeln in mehreren Fällen vorliege oder wenn es sich um einen Großauftrag handle. Im vorliegenden Fall treffe dies nicht zu (Aktenzeichen: 1 Ss 268/86, Beschluß vom 6. Januar 1987)."

In der Bauwirtschaft sind einzelne Tatbestände häufig durch eine lange Kette hintereinander liegender Glieder verknüpft (vgl. Bild 27).

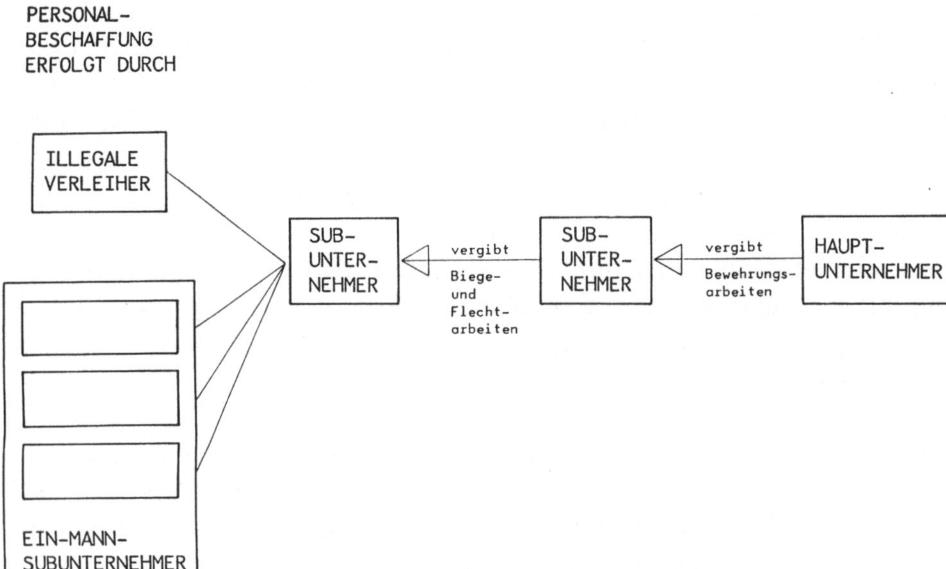

Bild 27:   Die einzelnen Glieder der Subunternehmerkette

Die Tatsache, daß größere Projekte von den Hauptunternehmen in steigendem Maße in Einzelgewerke aufgeteilt werden, läßt bei knappen Preisen nur noch Kleinstunternehmer zu, deren anspruchsloses Leben im Wohnwagen solche Kalkulationen zuläßt. Mit der Unabhängigkeit solcher "Subs" ist es meist nicht weit her. Im Gerangel um das billigste Angebot werden Werkverträge nur zum Schein abgeschlossen und Arbeitskräfte gesetzwidrig verliehen oder Schwarzarbeiter auf die Baustellen geschleust. In diesen unübersichtlichen Märkten verschwimmen die Grenzen zur Illegalität fast völlig.

Bei Müller/Wabnitz lesen wir dazu:
"Nicht der Mangel an Arbeitskräften, sondern das ungesunde Gewinnstreben der Entleiher eröffnet den international operierenden Gangstergruppen das kriminelle Betätigungsfeld.

Der Gesetzgeber, sogar die Bund-Länderkommission, die Parteien und die Lobby haben nicht den Mut, das Kind beim Namen zu nennen und die Gesetzeslücken zu schließen. Strafdrohungen richten sich vorwiegend gegen den Verleiher, nicht aber gegen den Entleiher, obwohl ohne seine Mitwirkung der schwarze, die Ziele unserer sozialen Wirtschaftsordnung gefährdende Arbeitsmarkt nicht bestehen könnte.

Der Entleiher kann schlechthin das gesamte Netz der sozialen Sicherung durchbrechen und jeden Mitkonkurrenten bei der Vertrags- und Preisgestaltung aus dem Feld schlagen. Hierbei sei nur auf folgende Vorteile hingewiesen:

Der ausländische Arbeitnehmer hat keinen Kündigungsschutz, im Falle der Krankheit kein Recht auf Lohnfortzahlung, keinen Anspruch auf Urlaub oder Urlaubsgeld und ist außerdem, von äußerst geringen Ausnahmen abgesehen, weder versichert noch im Rahmen der Lohnbesteuerung erfaßt. Der redliche Unternehmer dagegen muß, um den sozialen Bereich abdecken zu können, immer einen personellen Überhang verkraften und in seine Kalkulation aufnehmen."

Und etwas später steht:

"Da die mobilen Verleiher zumeist nur unter fingierten Firmen handeln, können sie aber vor dem ersten Zugriff der Ermittlungsbehörden den Aufenthaltsort wechseln, so daß keine Staatsanwaltschaft und kein Finanzamt die Zuständigkeit bejahen. Die Entleiher haben zur Verdeckung ihrer Machenschaften darüber hinaus ein System der aufgesplitterten Verantwortlichkeit entwickelt. Sie gründen nämlich zunächst mit anderen Unternehmern eine sogenannte Arbeitsgemeinschaft (Arge) zur Ausführung eines Bauprojekts. Hierbei sollen billige ausländische Arbeitskräfte eingesetzt werden. Ein Mitglied der Arge schließt sodann mit der als Bauunternehmen firmierenden Verleihergruppe einen Subunternehmervertrag, dem fingierte Leistungsverzeichnisse beigefügt werden. Die Leiharbeiter werden an der Baustelle durch die andere Mitgliederfirma der Arge beaufsichtigt und eingesetzt. Die Lohnzahlungen laufen wiederum über eine andere Firma der Arge und werden hierbei unter Verwendung fingierter Belege als Abschlagszahlungen im Rahmen des angeblichen Subunternehmervertrages bezeichnet. In den von der in Wahrheit bei keinem Finanzamt erfaßten Verleihfirma ("Subunternehmer") ausgestellten Rechnungen ist Mehrwertsteuer ausgewiesen, so daß der Entleiher noch den ungerechtfertigten Vorsteuerabzug in Anspruch nehmen kann. Niemand aus der Entleiher-gruppe will die wahren Zusammenhänge erkannt haben und für die Taten verantwortlich sein. Die meisten Staatsanwaltschaften im Bundesgebiet haben es daher unterlassen, auch gegen die gewinnsüchtigen Entleiher die erforderlichen Ermittlungs- und Bekämpfungsmaßnahmen zu treffen. Dieser Kriminalitätsform kann nur durch Erweiterung und Verschärfung der gesetzlichen Bestimmungen begegnet werden." (20)

II) FEHLENTWICKLUNGEN DURCH STAATLICHE GEBÜH-REN- ODER HONORARORDNUNGEN

Auch der Markt für Planungsleistungen, der in Bild 24 als weißes Feld dargestellt ist, wurde von solchen Fehlentwicklungen gekennzeichnet. In meinem Buch "Geschichte der Bauwirtschaft" 1983, S. 139/140 habe ich den Vorgang schon einmal an Hand der GOA 1950 beschrieben:

"Dazu sollte man sich die bei der Verabschiedung der GOA 1950 zu planende "Bausubstanz" am Beispiel des Wohnungsbaues noch einmal vorstellen:

- in der Normalwohnung 3 bis max. 4 Wasserzapfstellen und 50 % Ofenheizung

- relativ geringer Materialkatalog

- geringer Detailaufwand, da eine handwerklich einwandfreie Lösung einer Vielzahl von ausführenden Firmen bekannt war usw.

Die GOA (Verordnung PR Nr. 66/50 über die Gebühren für Architekten vom 13. Oktober 1950) hatte folgende Unzulänglichkeiten aufzuweisen:

- das Leistungsbild nach § 19 der GOA umfaßte nicht alle Leistungen, die zur optimalen Lösung einer Bauaufgabe nötig waren,

- das Leistungsbild konnte sich in der jetzigen Form nicht flexibel genug den veränderten Baumethoden einerseits und neuen Organisa-tionsformen andererseits anpassen,

- die horizontale bzw. vertikale "Schichtung" der Leistungen war eine Mischung von ergebnisorientierten und prozeßorientierten Teil-leistungen, die nicht dem tatsächlichen Leistungsablauf entsprach,

- die Teilleistungen waren darüber hinaus falsch proportioniert, was den arbeitsteiligen Prozeß behinderte, die Kooperation erschwerte, zu innerbetrieblichen Spannungen bei Partnern mit unterschiedlichen Aufgaben führte, und schließlich schlechte Auswirkungen auf die Liquiditätssituation bei langen Planungs- und Bauzeiten hervorrief,

- die eindeutige Feststellung der Bauklasseneinteilung schwand durch den zunehmenden Industrialisierungsprozeß immer mehr,

- mit der Anbindung des Architektenhonorars an die "Transmission der Herstellkosten" wurde das Interesse des Architekten an der wirtschaftlichen Lösung in Frage gestellt,

- ferner hatte es sich gezeigt, daß der Verlauf der Honorarkurve nicht in allen Auftragsgrößen richtig lag, so daß Projekte mit meist differenzierten Programmen, die sehr aufwendig waren, in "zeitlichen Schüben" aus der Erfolgszone "ausgefiltert" wurden,

- schließlich führte die Höchstpreisverordnung zu einer "fachlichen Strangulierung"." (21)

Leider wurde mein Vorschlag - wenigstens für bestimmte Objektbereiche innerhalb der HOAI 1977 -, baukostenneutrale Bemessungsgrundlagen einzuführen, nicht ernsthaft genug verfolgt. So blieb der Planer (Architekt und Ingenieur) mit seinem Honorar an der Transmission der Kosten für Bauleistungen angehängt, was ihm permanent den Vorwurf einbringen wird, daß er an einer wirtschaftlich optimalen Lösung nicht interessiert sein könne, denn mit abnehmenden Herstellungskosten sinkt sein Honorar. Durch die Degressionswirkung verläuft der Honorar-Index unter dem Baupreis-Index, und aufgrund der Personalkostenentwicklung entsteht ein immer größer werdender Zwickel, der diesen Berufsstand in zeitlichen Schüben aus der Erfolgszone herausdrückt.

Auch die Stundensätze für die neue HOAI gemäß § 6 (2) können mit ihren Von-bis-Werten und der rücksichtslosen Vergabe zu Mindestsätzen zu deliktischem Verhalten beitragen. Aufgrund einer Studie, die ich mit meinen beiden wissenschaftlichen Mitarbeitern Dipl.-Ing. M. Koopmann und Dipl.-Ing. D. Rüster im Herbst 1987 abschloß, ergab sich, daß (man vgl. Bild 28)

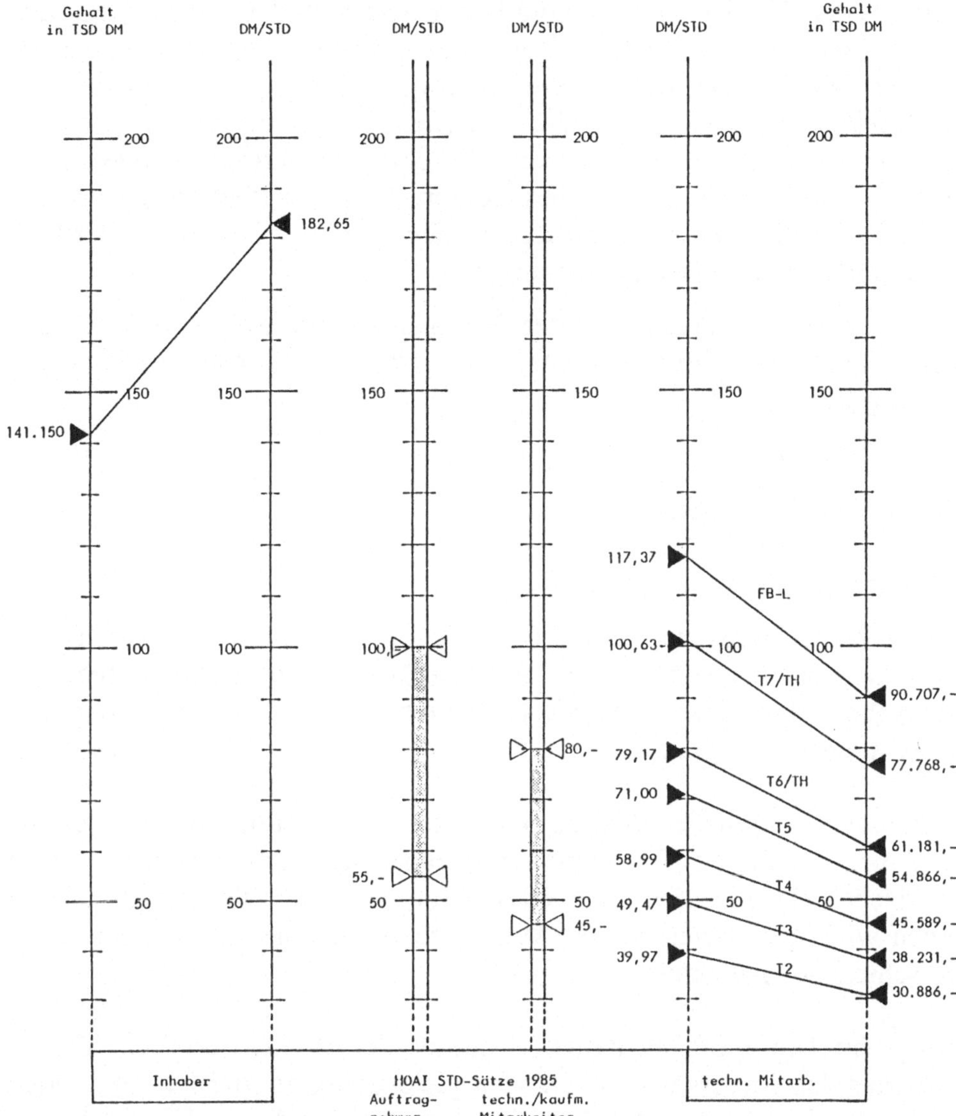

Bild 28: Reale Stundensätze in Ingenieurbüros im Jahre 1986 für Inhaber (links) und Mitarbeiter (rechts) ohne Gewinn und Wagniszuschlag im Vergleich zu den Verordnungssätzen (Mitte)

lediglich der T2-, T3- und T4-Mitarbeiter innerhalb der Spanne liegt, die der Verordnungsgeber zuläßt. Wenn der einzelne Vergabebeamte aber nur den Mindestsatz zuläßt, muß eigentlich die doppelte Stundenzahl geschrieben werden, damit die Ingenieurstunde wenigstens kostendeckend abgerechnet werden kann. Erkennt die auftraggebende Stelle dies an, und läßt sie sich zu besonderen Anlässen (Geburtstag, Weihnachten) für diese kostenrechnerische "Einsicht" belohnen, liegt der Fall der aktiven und passiven Bestechung vor.

Zur detaillierten Berechnung der Stundensätze verweisen wir auf die Veröffentlichung Pfarr/Koopmann/Rüster: Was kosten Planungsleistungen?

III)   PREISABSPRACHEN

Im Spiegeljargon liest sich das so:

"Der Verdächtige versuchte den Zettel zu schlucken, doch der Fahndungsbeamte setzte einen Würgegriff an. Der Mann mußte sich übergeben, das zutage geförderte Papier war zwar durchweicht und zerkaut, aber noch gut zu lesen.

Der reaktionsschnelle Beamte handelte im Auftrag des Bundeskartellamts. Er sollte das Büro einer Heizungsbaufirma durchsuchen, die im Verdacht steht, Mitglied eines Kartells zu sein. Der Würgegriff sicherte einen wichtigen Beleg für die verbotene Absprache von Preisen unter verschiedenen Anbietern.

Um zehn Uhr morgens hatten Ermittler der Wettbewerbsbehörde am Dienstag der vorvergangenen Woche gleichzeitig an vier Dutzend Orten in der Bundesrepublik nach Beweisen gesucht. Sie durchstöberten Büros, Wohnungen und Ferienhäuser von Managern aus der Heizungs-, Klima- und Sanitärbranche.

Die Ausbeute war gut. Zwischen Märchenbüchern waren Aufzeichnungen versteckt, in einem Bettkasten, in Kleiderschränken und im Heizungskeller. Die Durchsuchung förderte eine Affäre zutage, in die vor allem die Großen der Branche verwickelt sind. Die verantwortlichen Manager und ihre Firmen müssen mit hohen Bußgeldern des Kartellamtes rechnen. Den Unternehmen drohen Schadensersatzansprüche in mehrstelligen Millionenbeträgen." (Spiegel 51/1985, S. 47)

Im eher nüchternen Stil des Bundeskartellamts wird ein solcher Vorgang wie folgt dargestellt (Presseinformation Nr. 20/72).

"In jüngster Zeit sind von einzelnen Landeskartellbehörden wiederholt Geldbußen gegen Bauunternehmen wegen Submissionsabsprachen festgesetzt worden. Mit solchen Absprachen werden die Angebote der an einer Ausschreibung beteiligten Unternehmen in der Weise gesteuert, daß ein bestimmtes Unternehmen den Zuschlag zu einem Preis erhält, der nicht im Wettbewerb gebildet wurde. Aus Kenntnis der Materie ist mit einer hohen Dunkelziffer derartiger Submissionsabsprachen zu rechnen.

Aufgrund der aktuellen Fälle und aufgrund der vermuteten hohen Dunkelziffer haben die Kartellreferenten des Bundes und der Länder auf ihrer gemeinsamen Sitzung im Bundeskartellamt am 16. und 17. März 1972 folgende Entschließung gefaßt:

'Nach Beobachtung der Kartellbehörden und nach Informationen, die diesen zugegangen sind, werden in der Bauwirtschaft in erheblichem Umfang Submissionsabsprachen getroffen. DERARTIGE WETTBEWERBSBESCHRÄNKENDE ABSPRACHEN SIND TEIL DER IMMER MEHR UM SICH GREIFENDEN ALLGEMEINEN WIRTSCHAFTSKRIMINALITÄT, DEREN SOZIALSCHÄDLICHE FOLGEN SICH ZUNEHMEND AUSWIRKEN und auch in der Öffentlichkeit erkannt werden.

Die Ermittlungs- und Verfolgungspraxis hat gezeigt, daß kartellbehördliche Maßnahmen allein nicht zur wirksamen Bekämpfung ausreichen.

Die Kartellbehörden sind deshalb übereinstimmend der Meinung, daß zusätzlich andere als kartellrechtliche Maßnahmen zur Eindämmung solcher für die Allgemeinheit schädlichen Praktiken notwendig sind. Hierzu könnten nach Auffassung der Kartellbehörden die bauvergebenden Stellen wirksame Beiträge leisten.'"

Schon die ältere Literatur über das Ausschreibungs- und Verdingungswesen kennt das leidige Problem der unlauteren Machenschaften und Mängel, seien es unvollständige Leistungsbeschreibungen der Auftraggeberseite oder grobe Kalkulationsfehler der Auftragnehmerseite. Bei einem Gut, wie es ein Bauobjekt mit seinen Gewerken darstellt, wo das Auspendeln zwischen Angebots- oder Nachfragepreis fehlt, d. h.

- wo der Bauherr das in einem ordnungsgemäßen Wettbewerb zustandegekommene günstigste Angebot, d. h. den Preis - von eventuellen Nachlässen abgesehen - als unabänderliche Basis des Vertragsabschlusses hinnimmt,

- und wo auf der Unternehmerseite die Ergebnisse der Kostenrechnung (einschließlich eines kalkulatorischen Gewinnzuschlages) den Preis seiner Bauleistung bestimmen,

spielt die Frage, ob die Ausschreibung zu einem "angemessenen" Preis geführt hat, eine bedeutsame Rolle.

Schon seit 1903 (!) haben sich Gerichte mit Preisabsprachen befassen müssen. Anfang der zwanziger Jahre hatte man eine besondere Organisation. In dieser Zeit wurden Unternehmer durch Hinterlegung von Sichtwechseln zur Einhaltung der Absprache und erneuten Teilnahme mit Schutzverpflichtung gezwungen.

In der Vorkriegszeit galten Preisabsprachen von Bauunternehmern nicht generell als rechtswidrig, wie aus der VO über Verdingungskartelle vom 9.5.1934 (RGBl.I 1934, S. 376) hervorgeht, sondern als Schutzmaßnahmen der Bieter gegen Preisschleuderei.

Zumindest seit 1952 war die Existenz von Meldestellen den Behörden offiziell bekannt.

In der "Denkschrift des Bundesrechnungshofes", Bundestagsdrucksache 1140 - Ziff. 96 vom 18. Januar 1955 heißt es: "Feststellungen des Bundesrechnungshofs über Preisabreden der Bauindustrie in Hamburg im Rechnungsjahr 1952 haben die Gefahr und den Umfang der Ausschaltung des Wettbewerbs mit aller Deutlichkeit aufgezeigt. Hiernach bestehen im Bundesgebiet Betriebsbüros oder Informationsstellen, die untereinander in Verbindung stehen. Aufgrund eines Meldesystems erhalten sie Kenntnis von dem jeweiligen Teilnehmerkreis bei Ausschreibungen. Damit ist die Möglichkeit gegeben, Einfluß auf die Angebotspreise zu nehmen. Bei einigen Betriebsbüros beschlagnahmtes Material hat erkennen lassen, daß das in einer Reihe von Fällen geschehen ist."

Während die Auftraggeberseite und die Gerichte derartige Vereinbarungen als geeignet ansehen, "durch Beschränkung des Wettbewerbs die Marktverhältnisse für den Verkehr mit gewerblichen Leistungen zu beeinflussen" (Oberlandesgericht Celle, Beschluß v. 7.11.1965,

Submissionsabsprachen im Baugewerbe; in: Der Betriebs-Berater, Heft 34/1965, S. 1948), bei dem die Bauherren "in dem Irrtum bestärkt werden sollten, daß sie sich mit der Ausschreibung an einen Kreis von Wettbewerbern gewandt hätten, von denen jeder genau und billig kalkuliere (Bayerisches Oberstes Landesgericht, Beschluß v. 4.6.1965, Submissionskartell in der Bauwirtschaft; in: Betriebs-Berater, Heft 29/1965, S. 1680), gibt die Auftragnehmerseite an, daß es sich hier um eine VOR-VERLEGUNG des Wettbewerbs handele, um Schleuderpreise bei der Submission zu verhindern. Was steckt nun wirklich dahinter, wird sich mancher fragen. Zunächst scheint es dem nicht eingeweihten Beobachter nicht vorstellbar, daß auch bei Submissionen, wo es um nicht bedeutsame Auftragssummen geht, ein "Kreis" von 20 und 30 Unternehmern sich zusammenfindet. Daß die großen, fetten "Brocken" so verhökert werden, scheint verständlich; das andere kann man nicht recht glauben. Dazu sollte man sich den "Ablauf" kurz vor Augen führen:

Beginnen wir einmal mit dem Projekt X, das der Auftraggeber Y zu vergeben hat. Y wird je nachdem, ob es sich um eine beschränkte oder öffentliche Ausschreibung handelt, entsprechend viele Leistungsverzeichnisse den Firmen zusenden. Je nach Auftragsart oder Objektgröße wird jeder Unternehmer einen Teil der vermeintlichen Mitkonkurrenten in seinem Auftragseinzugsgebiet ohne weiteres vermuten können. Einer der aufgeforderten Unternehmer A "bangt" um gewisse Vorleistungen, die er für das Projekt X, z. B. in Form von Konstruktionsvorschlägen, geleistet hat, ergreift die Initiative und fordert zu einem "Kaffeekränzchen" auf. Vielleicht haben besondere "Beziehungen zur ausschreibenden Stelle" ihm den Vorteil gebracht, daß er zu jener Begegnung auch Konkurrenten einladen konnte, die dem "Kreis" als Außenseiter erscheinen mußten. Wie dem auch sei, die Vorteile hatten ausgereicht, daß man sich im Kreis darauf einigen konnte, daß A den Auftrag X bekommen solle. Aber zu welchem Preis? Es liegt zunächst nahe, daß der Preis beim arithmetischen Mittel der Kalkulationsergebnisse aller Bewerber liegen könne. Bei der Auflistung stellt sich aber heraus, daß A, der sich zu Recht Chancen ausgerechnet hatte, im Hinblick auf die Mittelwertbildung seinen Angebotspreis stark übersetzt hatte, während ein anderer seinen Preis besonders tief angesetzt hatte, um A "eins auszuwischen". Die "kalkulatorische Verantwortung" des Kreises fühlt sich angesprochen, der untersetzte und übersetzte Angebotspreis wird gestrichen, und es kommt aus den übrigen Angeboten der Nullpreis (P_O) zustande.

Wie ein Submissionsspiegel bei Preisgestaltung unter Wettbewerbs-
bedingungen bzw. bei Absprachen möglicherweise aussehen kann, soll in
nachfolgendem Bild 29 systematisch dargestellt werden.

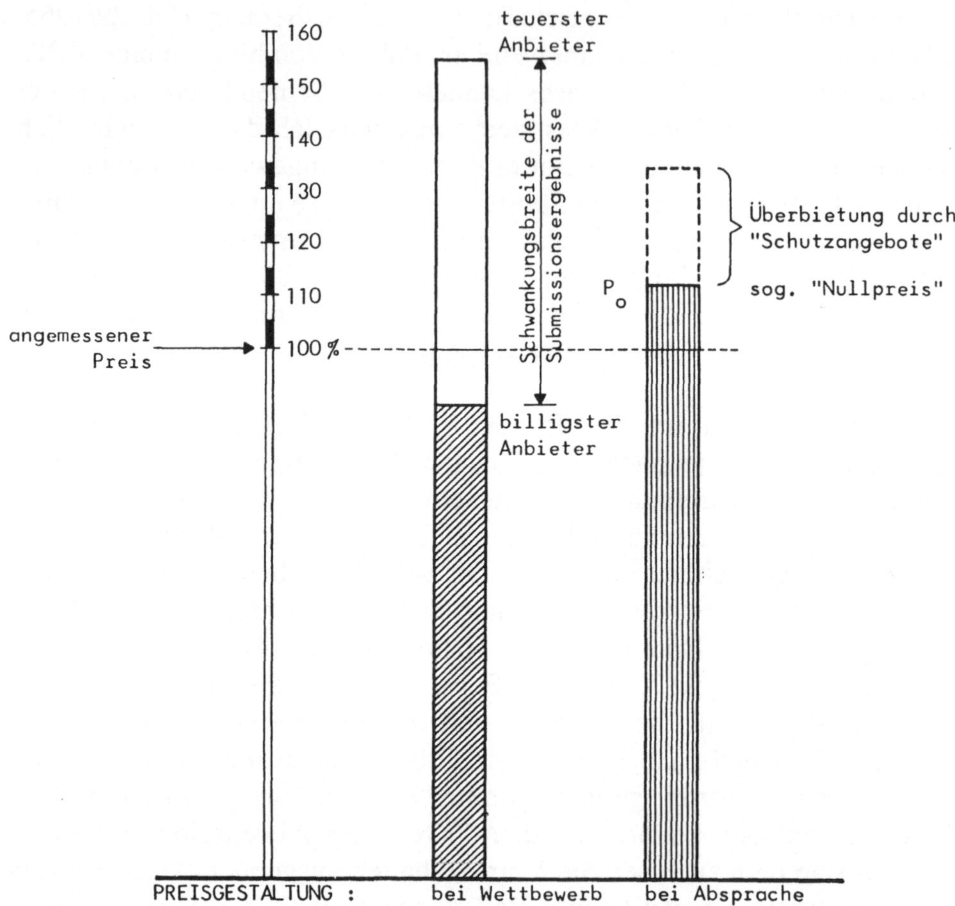

Bild 29:   Mögliche Preisgestaltung bei Wettbewerb bzw. Absprache

Setzt man den billigsten Anbieter gleich 100, so erkennt der Fachmann
häufig an der "Strukturierung der Überbietungssumme", ob eventuell
"wettbewerbsverzerrende" Maßnahmen vorgelegen haben.

Ist die Zahl der "schützenden" Firmen n, so wird A aus dem Objekt X, falls er den Auftrag bekommt, bei jedem der schützenden Firmen Po:n DM Schulden haben. Will also A von seinen Schulden herunterkommen, so muß er sich ein anderes Mal wieder beteiligen. Dazu muß er Teile seiner Absatzfunktion, nämlich Angebotsbearbeitung und Markterkundung, stärken. Er muß also bei möglichst vielen "Vorsubmissionen" mitmachen, um von seinen "Schulden herunterzukommen". Bei den in den Jahren 1956/57 aufgedeckten Preisabsprachen zeigte sich, daß man diese Teilfunktion "Markterkundung" aus der einzelnen Unternehmung teilweise ausgegliedert hatte und illegalen Meldestellen, die nicht selten als sog. Betriebsberatungsbüros getarnt waren, übertragen hatte. Diese hatten dann die interne Buchführung zu tätigen und wurden mit einer Provision von durchschnittlich 2 % für die risikohafte Arbeit entlohnt.

Auch in den letzten Jahren kam es immer wieder zu verbotenen Preisabsprachen. Die Landeskartellbehörden und das Bundeskartellamt wurden tätig und haben Bußgeldbescheide verhängt. Die Gründe, daß diese fündig wurden, sind rasch aufgeführt:

- da ist ein Kalkulator - mit Insiderwissen -, der entlassen wurde und jetzt "auspackt"

- da ist die unzufriedene Sekretärin, die "ihr Gewissen" entlasten möchte

- da ist das "schlampige" Sekretariat, das aus Versehen die Vorsubmissionsliste gleich dem Angebot beilegt

- da ist der Mitarbeiter, der seine gesammelten Werke in der Aktentasche unterwegs stehen läßt, die ein ehrlicher Finder bei der Polizei abgibt

- da ist das "ungenierte Verhandeln in Gaststätten", wo jeder Ober nach kurzer Zeit weiß, was gespielt wird. Wie sagte einmal ein Kellner zu einem Niederlassungsleiter, der in zwei Zimmern abwechselnd verhandelte: "Wenn Sie da drüben auch schon so eine Lippe riskiert hätten, dann hätten Sie auch diesen Auftrag bekommen."

- da ist auch der Mitkonkurrent, den man mehrmals "aufs Kreuz gelegt" hat, der einen Anruf bei der Behörde durchgibt.

Wird das Problem jemals gelöst?

Da sind einerseits die Forderungen der Bauindustrieverbände (siehe 13-Punkte-Katalog), andererseits die Vorhaltungen des Bundeskartellamtes.

Da Submissionsabsprachen in Zeiten schlechter Baukonjunktur weniger häufig vorkommen als in Zeiten guter Konjunktur, sind sie sicher keine "Kinder der Not".

Sie haben eine tiefe historische Wurzel, die bis ins Mittelalter reicht - als Planung und Realisierung noch in einer Hand lagen - und betrifft vor allem die Wettbewerbsbeschränkung. So war ein wesentlicher Punkt der Regensburger Hüttenordnung von 1459:

"Innerhalb der Mitglieder wurde jeder ungesunde Konkurrenzkampf unterbunden."

Auch später bei den Zünften blieb das so. Neben Mengenbeschränkungen wird von den Zunftmitgliedern durch Preisabsprachen und Verbote des Unterbietens obrigkeitlicher Höchstpreistaxen auf den Preiswettbewerb gewirkt.

Ennen folgert schließlich:
"Die Zünfte sind aus der Geschichte der Monopolbewegung nicht weg-zudenken. Sie sind ein Beispiel mehr für die 'geschichtliche Tiefe' wett-bewerbsbeschränkender Verhaltensweisen wirtschaftlicher Interessen-verbände. Die Beschäftigung mit ihnen lehrt, daß gegenwärtige Probleme der Wettbewerbsbeschränkung und der Marktvermachtung reich an historischen Vorläufern sind und sich als zeitlose Probleme der Wirt-schaft darstellen." (22)

Gelegentlich wird versucht, den Schaden zu quantifizieren. Ich halte nicht viel davon, denn pro Auftrag werden nur Deckungsbeiträge hereingeholt und pro Periode Gewinne oder Verluste gemacht. Die Leistungs-Mehrerlöse führen aber nicht in demselben Maße zu höheren Gewinnen.

Trotz dieses "Fehlverhaltens" hatte die Baubranche selbst in den Jahren der Hochkonjunktur die geringsten Gewinnspannen vorzuweisen.

Durch Absprachen überhöhte Preise führen aber zu einem verstärkten Marktzutritt und zu Überkapazitäten, Überkapazitäten letztlich zu instabilen Wettbewerbssituationen und zum Druck, die Absprachen zu unterlaufen.

Auch sollte man folgende Aspekte nicht aus dem Auge verlieren:

a) Bei ausgelasteter Kapazität eines zur Angebotsbearbeitung Aufgeforderten führt die Rückgabe dieser Unterlagen in der Regel zum Ausschluß - zumindest auf Zeit - von weiteren Angebotsaufforderungen.

b) Bei "Überforderung" der Kapazitäten durch für ihn zu großes Bauvolumen, gleiche Reaktion wie a).

c) Bei "gelenkten" Ausschreibungsunterlagen, zugeschnitten auf einen bestimmten Bieter, muß der Kalkulationsaufwand erspart werden.

d) Bei Erweiterungsbauvorhaben, bei denen schon ein Mitbieter vor Ort arbeitet, wie c).

e) Bei "Vertragsbedingungen", die nur schwer eine gedeihliche Zusammenarbeit zulassen, ist DER SCHUTZ der Bieter vor solchen Machenschaften der Anlaß von "Konkurrentengesprächen".

f) Ausschreibungen ohne Leistungstext - also funktionale Beschreibungen - der Bauleistungen erfordern bei einer korrekten Preisermittlung einen NICHT vertretbaren Aufwand, bei einer nur geringen Auftragschance.

IV) FESTPREISGARANTIE UND SCHLÜSSELFERTIGES BAUEN IN VERBINDUNG MIT GU/GÜ

Die starken Baupreissteigerungen, speziell in den Jahren 1968 bis 1970 und 1971 bis 1973 sowie 1977 bis 1980 veranlaßten viele Bauherren, ihre bauliche Aufgabe durch Festpreisgarantie/Schlüsselfertiges Bauen zu lösen.

Eine Reihe von Firmen versuchte, durch die Einsatzformen, wie

Generalunternehmer und/oder
Generalübernehmer

dieser neuen Forderung gerecht zu werden.

Das in dieser Zeit ausgebrochene Pauschalpreis"fieber" muß allerdings auch auf dem Hintergrund struktureller Wandlungen der Bauherrenrolle diagnostiziert werden.

Der Bauherr forderte nämlich:

- volle Übernahme des t e c h n i s c h e n Risikos (z. B. durch erweiterte und verlängerte Gewährleistung)

- volle Übernahme des w i r t s c h a f t l i c h e n Risikos (z. B. durch Erbringung einer gebrauchsfähigen Gesamtleistung möglichst zum Pauschalfestpreis einschließlich Zeitgarantie)

- volle Übernahme des r e c h t l i c h e n Risikos (z. B. durch vertragliche Bindung an möglichst nur einen Verantwortlichen durch Übernahme der Gefahrtragung für die Gesamtleistung bis zu deren Abnahme usw.)

- volle Übernahme eigener Mitwirkungspflichten (z. B. durch Entlastung und gar Übernahme von Koordinierungsaufgaben).

Begünstigt durch seine Stellung als Auftragsmonopolist hat ihn das Verständnis für seine "eigene Rolle" verlassen:

- er möchte nicht mehr der Erste und Verantwortliche seines eigenen Bauvorhabens sein

- seine Fähigkeit und Bereitschaft, eigene Leistungen einzubringen, nimmt ständig ab

- er "kauft" den Bau"erfolg" ein und betrachtet die Übernahme seines Forderungskatalogs (Festpreis, Festtermin, "schlüsselfertiger" Auftrag) als durch den Baupreis abgegolten. Dabei ist er nicht gewillt, technische Schwierigkeiten, Arbeits- und Baumarktsituation, ungewöhnliche Witterungsverhältnisse, die Auswirkungen der eigenen Gesetzgebung noch seine eigenen Änderungswünsche als Gründe gelten zu lassen, die den Erfolg beeinträchtigen könnten. Er konzentriert sich - ex-post - allein auf die Beurteilung der Frage, ist der Bau"erfolg" zu seiner Zufriedenheit ausgefallen und konnten die fiskalischen Haushaltsinteressen gewahrt werden.

Auch die "funktionale Leistungsbeschreibung" (FLB) war eine Marketing-Antwort auf Bauherren-Fragen der damaligen Zeit. Die ersten Versuche konnten schon Mitte der fünfziger Jahre beobachtet werden. Vor allem im konstruktiven Ingenieurbau (z. B. Brückenbau) antworteten leistungsfähige Baufirmen mit guten Konstruktionsabteilungen auf den Behördenentwurf und dessen Ausschreibung mit Sondervorschlägen (eigene Entwürfe mit Kostenanschlägen). Die Alternativangebote lagen manchmal 10 % oder gar 20 % unter dem Behördenentwurf, und das hatte folgende Gründe:

- die Vor- und Rückkoppelungsbeziehungen des gesamten Planungs- und Bauprozesses wurden von einer Institution (= bauausführende Firma) überblickt. Man kannte den Einfluß der Arbeitsvorbereitung, das Arbeiten mit entsprechenden Schalungssystemen

- der größte Teil der zu erbringenden Leistung entsprach dem betrieblichen Leistungsrepertoire und konnte kostenrechnerisch durchdrungen und auf seinen preispolitischen Spielraum abgeklopft werden.

Der Behördenentwurf - meist in Monaten "gereift" - wurde also innerhalb einer kurzen Ausschreibungsfrist zur Makulatur degradiert. So begann man von dieser Seite - durch das steigende Bauvolumen personell über- rollt - auch andere Bauaufgaben so auszuschreiben, d. h. einziges Ziel- element war, ein "funktionsfähiges Gehäuse" zu erstellen, das in Qualität, Kosten und Terminen der Nutzung und den Finanzierungsmöglichkeiten entsprach. Man schlüpfte damit in die Rolle des Entwurfskritikers der eingegangenen Systemvorschläge und des Beraters politischer Gremien.

Immer mehr Auftraggeber schrieben ihre Bauvorhaben funktionell aus, d. h. wandten sich an einen Partner, der ihnen die Problemlösung für das gesamte Bauprojekt zu liefern vermochte.

Bei der Angebotsbewertung einer "funktionalen Leistungsbeschreibung" sind ganz andere Maßstäbe anzulegen als bei der "konstruktiven Leistungsbeschreibung", denn die Bewertung kann sich nicht auf den niedrigsten Preis beziehen, da hinter jedem abgegebenen Preis eine ganze Palette verschiedenartiger Leistungsalternativen steht. Die Auswertung der alternativen Lösungen in Bezug auf ihre Funktions- und Nutzungserfüllung fordert fast schon Bewertungskunst. Das Abhaken von Kriterien- und Merkmalslisten ist ja noch unproblematisch. Dort, wo sich aber die Merkmalsbeschreibungen bis auf tiefere Betrachtungsebenen erstrecken - und ein genauer Vergleich möglich ist -, ist man schon fast wieder bei der konstruktiven Leistungsbeschreibung gelandet. Die ausschreibende Instanz muß dabei ein sehr hohes Maß an zuverlässiger und auch umfangreicher Fachqualifikation aufbringen - höher als sie für das konventionelle Leistungsverzeichnis in der Regel einzusetzen war.

Voraussetzungen für die Prüfbarkeit und Vergleichbarkeit von funktional ausgeschriebenen Angeboten ist die Angabe des Auslobers, unter welchen Bedingungen:

- die geforderte Leistung erfüllt werden soll
- die Leistung gemessen werden soll
- der Leistungsnachweis erbracht werden soll (Zeichnungen, Berechnungen, Prüfzeugnisse, Materialproben usw.).

Unproblematisch sind die Nachweise, bei denen die Feststellung genügt: Forderung erfüllt bzw. nicht erfüllt. Schwierig wird es bei der Bewertung von nicht quantifizierbaren Merkmalen, wie z. B. Gestaltungsfragen.

V) KAUSSEN-SYNDROM

Über einige Wurzeln der Motive des Altbaukönigs Kaußen haben wir uns schon im Kapitel 4.2 ausgelassen. Als Wurzeln konnten angesprochen werden:

- Macht- und Gewinnstreben
  ("Ich bin nicht Gott. Doch ich bin wie Gott", soll er einmal gesagt haben)

- Dummes Verhalten infolge zu hoher Intelligenz (Günther Huppertz, der über zwei Jahre als sein technischer Leiter angestellt war, kündigte Anfang 1984 seinen Arbeitsvertrag: "Ich hatte den Eindruck gewonnen, daß er die Grenze vom Genie zum Wahnsinn überschritten hatte."

- Skrupellosigkeit

- Mangelndes Unrechtsbewußtsein

- Deliktfördernde Strukturen.

Seine Kalkulation war denkbar einfach gewesen, schrieb das "Deutsche Allgemeine Sonntagsblatt" in Nr. 48 vom 1. Dezember 1985 auf S. 10:

"... alte Wohnungen billig erstehen, sie teuer renovieren und modernisieren, die derart verbesserten Wohnungen bei Banken und Bausparkassen hoch beleihen und mit den Darlehen weiter kaufen, kaufen, kaufen - solange die Geldinstitute nur mitspielen.

Sie spielten lange mit. Die Zinseinnahmen durch den Kölner Hauswirt waren erklecklich. Doch Günter Kaußen verschaffte sich sein Geld nicht nur bei den Banken und Bausparkassen. Auch im Mietrecht fand er immer neue Möglichkeiten, sein Geschäft mit einem Minimum an eigenen Mitteln zu betreiben. Die Kosten für das Verlegen von neuen Elektroleitungen, die Einrichtung einer Zentralheizung oder den Einbau von Küchen und Bädern legte er einfach auf die Mieter um. Mieterhöhungen von 50 bis 100 Prozent waren keine Seltenheit. Zum Teil wandelte er die Wohnungen auch in Eigentumswohnungen um. Für Arme, Alte und Ausländer bedeutete das in der Regel den Auszug.

Auch im Steuerrecht hatte er einen sicheren Blick für die Möglichkeiten, den Staat mitbezahlen zu lassen. Die Investitionen, die schon seine Mieter bezahlten, wurden nochmals beim Finanzamt abgesetzt und die Wertverbesserung steuersparend angelegt.

Seinen Ruf als skrupelloser Vermieter begründete Günter Kaußen jedoch durch weniger übliche Handelspraktiken: Häuser, bei denen sich die Renovierung nicht rentierte, ließ er einfach verfallen. Heruntergekommene Treppenhäuser mit zerbrochenen Fensterscheiben, feuchte Wände, in denen der Schimmel gedeiht, kaputte Dächer, durch die der Regen tropft - durch solche Bilder blieb sein Name in der Erinnerung haften.

Aber auch mit dem Verfall von Wohnungen ließen sich Gewinne machen. Die Kosten für Instandhaltung und Reparatur ließen sich sparen. Häufig führten die Bewohner der Häuser die notwendigen Arbeiten auf eigene Rechnung aus. Mehrfach konnte er nur durch städtische Verfügungen unter Androhung von Geldstrafen gezwungen werden, Ausbesserungen an Fassaden und Fenstern vorzunehmen. Leerstehende Wohnungen waren keine Seltenheit. Ziel allen Wirtschaftens, die Befriedigung von menschlichen Bedürfnissen, hatte Günter Kaußen längst aus den Augen verloren."

Und an derselben Stelle können wir weiterlesen:

"Überlebt haben die Banken und Bausparkassen. Sein Fall hat sie bisher nicht sichtbar in Mitleidenschaft gezogen. Nach seinem Tod haben sie nur "Schritte eingeleitet, um eine geordnete Führung der Darlehen und der mit diesen finanzierten Objekte sicherzustellen", ... "Sicherstellen" heißt: In Bergkamen wie anderswo haben die Banken beim Amtsgericht die Zwangsverwaltung des Erbes beantragt. Damit ist gewährleistet, daß die Mieteinnahmen vordringlich dazu benutzt werden, die Darlehen abzubezahlen. Ansonsten sind die Geldinstitute schweigsam. ... Die vornehmen Herren in den dunklen Anzügen stehen für den "diskreten Charme", der hagere Mann mit dem wenigen Haar für die "gemeine Gier der Bourgeoisie"."

Auch bei der "Neuen Heimat" wird dies - zwar mit größerem Volumen - ähnlich ablaufen.

VI)   AMTSUNTREUE

Es war wohl Ende der 50er Jahre, als ein für den Straßenbau zuständiger Minister in einem der nördlichen Bundesländer folgendes zum Besten gab: "Er könne es wohl noch verstehen, daß er für eine nicht gebaute Straße die einmaligen Herstellungskosten bezahlen solle, daß er aber auch dafür noch die Unterhaltung bezahlen solle, das ginge zu weit."

Der Bund der Steuerzahler prangert seit Jahren öffentliche Verschwendung an. Soeben ist das 15. "Schwarzbuch" veröffentlicht worden. Für die sog. "Amtsuntreue" fordert er den Amtsankläger. Fälle der Bauwirtschaft spielen in diesen Veröffentlichungen eine wichtige Rolle. Sie sind dort nach Zeit, Ort und Betroffenen aufgeführt. Hier soll eine Einordnung nach den Phasen, die ein Projekt/Bauobjekt durchläuft, versucht werden.

A)   VORBEREITUNGSPHASE

Hier werden die Parlamente nicht selten mit zweifelhaften Kostenschätzungen bedient. Bei der Analyse einiger Baukostenklagen scheint nämlich eine mathematische Konstante, die Zahl Pi, die sonst dem Zweck dient, "Rundungen" auszurechnen (Kreis, Kugel usw.), für die Kostenschätzung eine wichtige Konstante zu sein.

Die Olympischen Spiele 1972 in München sollten 600 Mio. DM kosten, gekostet haben sie 1,9 Mrd. DM.

Das ICC Berlin sollte 270 Mio. DM kosten, gekostet hat es 926 Mio. DM.

Das Klinikum Aachen sollte 700 Mio. DM kosten, abgerechnet wird es vielleicht mit 2,4 Mrd. DM.

Aus dem Land der "quantity surveyor" und "cost-limits" berichtet die Zeitschrift Time vom 15. März 1982 über den Barbican-Komplex von einer 10-fachen Steigerung auf 280 Mio. Pfund und spielt damit auf das fortgesetzte Gezänk zwischen den Beteiligten an. Im Original-Text liest sich das so:

"Still, frequent revisions of the initial design (which called for just one theater and a music hall) delayed the 1970 completion and lifted the original cost almost tenfold, to $ 280 million. Also to blame was the incessant squabbling among city officials, the architectural firm of Chamberlin, Powell and Bon, and the center's administrator, Henry Wrong, a flamboyant Canadian who learned his trade as Metropolitan

Opera Director Rudolf Bing's assistant during the building of Lincoln Center. "I don't think the architects spent enough time studying the project and knowing what they wanted in the long run," says Wrong. Counters Architect Christoph Bon: "Henry Wrong was chopping and changing all the time. He is very interested in the latest."

Dem Problem der ständigen Änderung gehen wir in einer geplanten Broschüre: "Was kosten gestörte Planungs- und Bauleistungen?" nach.

Solche ungenauen Kostenschätzungen führen natürlich auch zu falschen Bemessungsgrundlagen für Architekten- und Ingenieurhonorare. Im Zuge einer gutachtlichen Äußerung sprach ich einmal von der "Springprozession der anrechenbaren Kosten".

B)   PLANUNGS- UND HERSTELLUNGSPHASE

In meiner "Geschichte der Bauwirtschaft" (Essen 1983, S. 145) habe ich dies wie folgt beschrieben:

"Während früher jahrzehntelang geplant und gebaut wurde, denken unsere Politiker heute nur noch in Legislaturperioden, möglichst in 4 oder 8 Jahren sollen auch die größten Projekte abgewickelt sein (vgl. Bild 30).

Der ökonomische Horizont reichte über die Legislaturperiode selten hinaus. Die durch die ehrgeizigen Projekte entstehenden Folgekosten bürdet man der nächsten Generation auf. Für die Leistungsphase 1 (Grundlagenermittlung) nimmt man sich nicht mehr die der Problemstellung angemessene Zeit.

Da begeben sich ganze Volksvertretergruppen auf Reisen, um den "Internationalen Standard" zu suchen, den man natürlich zu Hause überbieten will. Dann streitet sich das Parlament monatelang über die Aufgabenstellung, redet reale Ansätze einer Kostenschätzung herunter, versucht durch bauwirtschaftliche Hilfslösungen (funktionale Leistungsbeschreibungen, Pauschalpreisregelungen, synchrone Planungs- und Bauleistungen usw.) unklare Vorstellungen über Qualität, Kosten und Termine durch die planende und ausführende Bauwirtschaft wieder in Ordnung bringen zu lassen. Hinter einer meist kostspieligen Kulisse sollen dann "ausgewählte Gutachter" in den Reihen derer, die die Arbeit

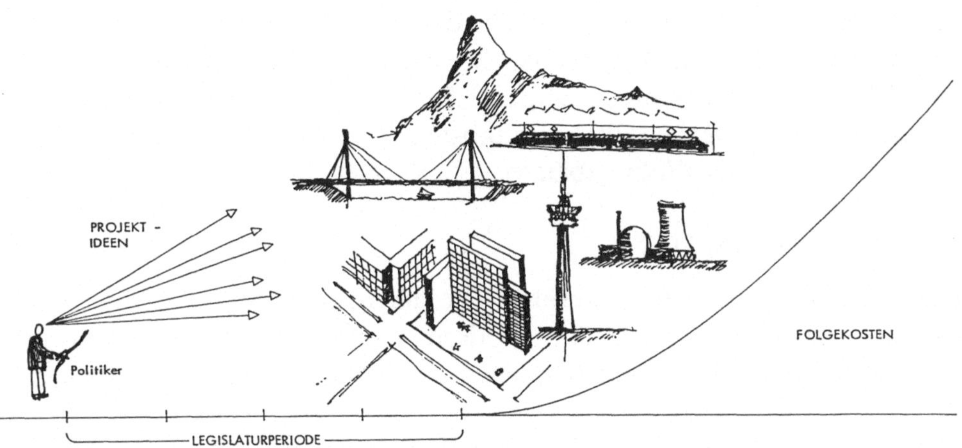

Bild 30:   Der ökonomische Betrachtungshorizont der Politiker

übernommen haben - d. h. bei den Planern und ausführenden Betrieben - die Schuldigen suchen."

Änderungsleistungen im Planungsbereich und in den daraus resultierenden Nachtragsforderungen steht man häufig, was die Prüfung der Bewertung angeht, hilflos gegenüber. Wenn nicht "Macht vor Recht" geht, werden aus Angst vor dem Rechnungshof jahrelange Prozesse durch alle Instanzen geführt, wobei die Kosten des Rechtsstreites nicht selten in die Höhe des eigentlichen Streitwertes rücken.

C)   INVESTITIONSPHASE

Bei der Vergabe (z. B. an Generalübernehmer) kommt es aufgrund mangelhafter Zahlungspläne in manchen Fällen zu Zahlungen, denen keine entsprechende Leistung gegenübersteht, also zu negativen Zinseinkünften der öffentlichen Hand, die aber wegen ihres Rechnungswesens dies gar nicht registriert.

Bei lang andauernden Bauvorhaben versucht man, die mit Sicherheit eintretenden Baupreissteigerungen mit einem oben schon erwähnten Delinquenten zu lösen, nämlich mit dem amtlichen Baupreisindex. Eigene Untersuchungen - vor allem mit meinem Mitarbeiter, Herrn Dipl.-

Ing. M. Koopmann - haben ergeben, daß der Baupreisindex für solche Sachverhalte völlig ungeeignet ist. So hat beim Klinikum Aachen eine zweifelhafte Hochrechnung stattgefunden. "Dem Höchstpreisangebot ist der zur Zeit der Abgabe gültige Baukostenindex zugrunde zu legen." Und man staune - der für Wohngebäude.

D)   NUTZUNGSPHASE

Hier sei nur ein Beispiel angeführt: Da läßt man "Flächen reinigen", die es gar nicht gibt oder nicht in dem Umfange, wie vergeben (da Rohbaumaße aus alten Bestandsplänen der Rechnung zugrunde lagen).

Die Beispiele in den vier Phasen ließen sich beliebig erweitern, aus Platzgründen muß darauf verzichtet werden.

VII)   BAUTRÄGERUNTREUE, BAUHERREN-MODELLE

"Der rasche Aufschwung der deutschen Wirtschaft nach dem Zweiten Weltkrieg führte in der Bauwirtschaft zu einem Boom bisher nicht gekannten Ausmaßes. Auf der Plattform dieses Booms entwickelte der Immobiliensektor eine verblüffende Eigendynamik in der Formenvielfalt sozialschädlichen Verhaltens. Zwischen die soliden Unternehmen drängten sich Schwindelfirmen, meist in der Rechtsform der GmbH & Co KG durch unseriöse Geschäftemacher - unter Vorwegnahme zukünftigen Gewinns mittels Bildung von Scheinkapital - gegründet, die mit hochfahrenden Projekten und imposanten Luftschlössern Fremdgelder anlockten. Die Anreize der westlichen Wirtschaft für Profitsucht, für die Übersteigerung des legitimen Gewinnmotivs, potenzierten sich in der Zeit des Aufstiegs um ein Vielfaches. So bildete sich mit der Baubetreuung zwar eine durchaus notwendige und zweckmäßige Form des Bauens heraus, bald schossen aber auch schon Betreuungsgesellschaften sehr unterschiedlicher Qualifikation wie Pilze aus dem Boden und nicht erst der Rückgang der Baukonjunktur mit den eklatanten Baupleiten der 70er Jahre veranlaßte manches Unternehmen, es einmal mit unlauteren Finanzierungsmethoden zu versuchen.

Viele Wohnungsbauunternehmen wirtschafteten mit einer völlig unzureichenden Eigenkapitaldecke. Die Rezession - die Wohnungshalden, der Ausleseprozeß in der Bauwirtschaft - und die durch die Presse bekanntgewordenen Konkursfälle großer Bauträgergesellschaften ließen die Schutzlosigkeit und erheblichen Risiken der Bauwilligen und sonstigen Kapitalgeber dann vollends deutlich werden. Es stellte sich allerdings auch heraus, daß die ihrerseits durch den Boom unvorsichtig gewordenen Interessenten nicht selten ohne irgendeine Bonitätsprüfung des Unternehmens, ohne Sachkunde oder Beratung und ohne Bereitstellung von Sicherheiten, gleich welcher Art, hohe Beträge hergegeben hatten.

Dem auf der Basis gegenseitigen Vertrauens der beteiligten Wirtschafter funktionierenden und vom Grundsatz der Gewerbefreiheit beherrschten System der Marktwirtschaft wurde durch solches Abgleiten wirtschaftsmoralischen Verhaltens schwerer Schaden zugefügt. Die von der Wirtschaftsverfassung nicht zu trennende Interdependenz zwischen Kriminalität und Wirtschaftsentwicklung erfuhr in der Baubranche besondere Aktualität durch die Hypothek belastender ökonomischer Rahmendaten. Diese seien mit Stichworten wie "Expansionsdrang", "mangelnde Eigenkapitaldecke und hoher Fremdfinanzierungsbedarf", "Unerfahrenheit und zu geringe Flexibilität", "fehlender Konsumverzicht mancher Unternehmer" hier nur angedeutet. So determiniert verstärkten sich die in den Immobilien- und Finanzierungsgeschäften einschließlich der Baubetreuung immanenten Mißbrauchsgefahren und schlugen dann auch kaum im Bereich der "Kavaliersdelinquenz" durch, sondern tangierten fast ausnahmslos gravierendere Gebiete der sog. "Grenzmoral".

Indikator für die materielle Schädlichkeit der skizzierten Mißstände kann nach allen Erfahrungen nicht deren Pönalisierung sein, wohl aber die nachweisbare Existenzgefährdung einer großen Zahl von Angehörigen sozialschwacher Bevölkerungsschichten. Dennoch rundet das Ergebnis der als Arbeits- und Erledigungsstatistik bei den Staatsanwaltschaften geführten "Bundesweiten Erfassung von Wirtschaftsstraftaten nach einheitlichen Gesichtspunkten im Jahre 1974 "das Bild ab, wonach zu den am häufigsten betroffenen Branchen schädigender Unternehmen im Wirtschaftsleben (an zweiter Stelle nach dem Bank- und Kreditwesen) das Bau- und Immobilienwesen mit einer 2 1/2fachen wirtschaftskriminellen Überbelastung gehört.

Abgesehen von den materiellen Schäden wurden durch Affären auf dem Grundstücks-, Bau-, Wohnungs- und Kapitalmarkt auch immaterielle, eher unsichtbare Folgewirkungen ausgelöst, deren Ausmaß sich kaum abschätzen läßt. Das freie Spiel der Kräfte ist durch Wettbewerbsverzerrungen mit den daraus entstehenden "Sog- oder Ansteckungswirkungen" bei anderen Wettbewerbern nachhaltig gestört worden; Resultat der diffizilen Palette wirtschaftskrimineller Mißbräuche in den verschiedensten Branchen ist eine Erschütterung des öffentlichen Vertrauens in die Volkswirtschaft und damit die Verletzung der wirtschaftlichen Lebensinteressen des Staates." (23)

Da das Mietrecht eine ausreichende Rentabilität in vielen Fällen ausschloß, konnte häufig erst durch eine konsequente Ausnutzung aller durch die Steuergesetzgebung gebotenen steuerlichen Möglichkeiten eine zufriedenstellende Rentabilität von Baumaßnahmen erreicht werden.

Das geltende Steuerrecht hatte den Bauherrn gegenüber demjenigen, der schlüsselfertig vom Bauträger kauft, nicht nur im Bereich des Einkommensteuerrechts, sondern auch bezüglich der Grunderwerbsteuer bevorzugt. Es bot sich also an, den Käufer durch ausgeklügelte Vertragsgestaltung zum Bauherrn zu machen. Ein Baubetreuungsunternehmen bereitet das Bauvorhaben vor und gewinnt die Anlageinteressenten als "Bauherrn". Es wird ein unabhängiger Treuhänder eingeschaltet, der die Interessen des Bauherrn vertritt und all die Geschäftsbesorgungen wahrnimmt, die sonst dem Bauherrn obliegen, und zwar im Namen und für Rechnung des Bauherrn.

Das Suchen der Steuervorteile macht den Steuervorteil interessanter als das Objekt selbst - womit auch der Kreis der Interessenten wechselt, denn nicht der Immobilienerwerber wird angesprochen, sondern der Spitzenverdiener, der einen hohen steuerlichen Abschreibungsbedarf hat. Die Idee lebt von einer hohen Fremdfinanzierung, denn der "Verlust" ist desto höher, je niedriger das eingesetzte Eigenkapital ausfällt.

Man prägte den Slogan, daß man Immobilien zum Nulltarif erwerben kann, da fast der ganze Kauf vom Finanzamt finanziert wird. Die hohen Werbungskosten und der Zwang, immer neue Objekte aufzulegen, machten das "Bauherrenmodell" sicher zu einem "Treibsatz" für hohe Preise am Bau- und Wohnungsmarkt.

Unter einer Abschreibungsgesellschaft ist der Zusammenschluß mehrerer, einkommensteuerlich hoch- und höchstbesteuerter Personen zu verstehen, deren Ziel es war, im Rahmen eines gesellschaftsrechtlichen Verhältnisses gemeinsam eine meist auf die Kontrolle der Geschäftsführung beschränkte passive Betätigung am wirtschaftlichen Verkehr auszuüben, wobei den Beteiligten durch die Ausnutzung der vom Gesetzgeber gebotenen steuerlichen (Sonder-)Vorschriften hohe (Buch-)Verluste zugewiesen werden, so daß der einzelne Steuerpflichtige unter Verrechnung der (Buch-)Verluste mit anderen positiven Einkünften die Möglichkeit besitzt, seine übernommene Einlage in Abhängigkeit vom persönlichen Einkommensteuersatz zu einem Großteil oder gar vollständig aus Steuerersparnissen zu finanzieren. Zielgruppen waren vor allem Freiberufler und Selbständige.

Die am häufigsten angewandte Gesellschaftsform war ohne Zweifel die GmbH & Co. KG. Aufgrund handelsrechtlich zulässiger Gesellschaftskonstruktionen ermöglichten die Initiatoren der Abschreibungsgesellschaften breiten Anlegerkreisen, sich an Investitionen zu beteiligen, in denen der Staat mit Hilfe von ertragssteuerlichen Abschreibungs- und Bewertungserleichterungen sowie durch direkte Investitionszulagen und -prämien Investitionsanreize bot. Das volkswirtschaftliche Risiko von Kapitalfehlleitungen war zwar latent vorhanden, wurde allerdings vom Gesetzgeber erst sehr spät erkannt und mit nicht ausreichenden und überstürzten Maßnahmen bekämpft.
Die "Sogwirkung" der steuerlichen Vergünstigungen hat nicht nur unseriöse Projektträger in die Abschreibungsbranche gezogen, sondern auch regelrechte Betrüger und Wirtschaftskriminelle im weitesten Sinne angezogen.

Man sprach von "Geldidioten", die als Anleger-Kommanditisten auf primitiven Prospektschwindel hereingefallen sind. Ich bin allerdings der Meinung, wer sich schon im "Vorfeld" unternehmerischer Betätigung - nämlich beim Gesellschaftsvertrag - die Mitwirkungsrechte als Gesellschafter nehmen läßt, sich also als Mitunternehmer bei Fortbestehung seiner Haftung bereits "entmündigen" läßt, darf sich nicht wundern, wenn er nicht nur sein investiertes Kapital sowie die Steuervorteile verliert, sondern sogar noch nachzahlen muß.

Der Spiegel nahm für seine Story "Die Rechnung geht nicht auf" (Nr. 49/83, S. 71 ff) stellvertretend den Zahnarzt Werner Witthorst her, der Tag für Tag von morgens bis abends in der Praxis steht, gut verdient, Immobilien im Werte von mehreren Millionen Mark besitzt und trotzdem pleite ist. "Gerade die Zahnärzte - starke Verdiener, aber schwache Rechner - zählten immer zu den bevorzugten Opfern skupelloser Geschäftemacher."

Exkurs: WOHNUNGSBAUFÖRDERUNG NACH BERLINER ART -
IM SPANNUNGSFELD ZWISCHEN PARTEIEN-
IDEOLOGIE UND BAUWIRTSCHAFTLICHER WIRK-
LICHKEIT

I) BRISANTER BRIEF BRACHTE BAUAUSSCHUSS IN NÖTE

Brisanter Brief brachte Bauausschuß in Nöte, schrieb die Berliner
Morgenpost am 25. Juni 1987. Es handelte sich um einen Brief, den ein
Berliner Architekt am 26.2.1986 an den Regierenden Bürgermeister
schrieb, um "Widersprüche zwischen Ihrer Erklärung und der Praxis im
Hause des Bausenators" aufzuhellen.

"Die derzeitigen Ereignisse im Baugeschehen dieser Stadt veranlassen
mich auf weitere in der Öffentlichkeit bislang noch wenig erörterte
Praktiken bei Einschaltung von Bauträgern, Generalübernehmern und -
unternehmern hinzuweisen.

Exemplarisch für die derzeitige Situation möchte ich Ihnen zu Anfang
nur ein konkretes Zahlenbeispiel geben:

> Im Rahmen eines Wohnungsneubaues mit 72 Wohnungen im
> sozialen Wohnungsbau durch einen Bauträger wurden bei der
> Wohnungsbaukreditanstalt Berlin Bau- und Grundstückskosten
> einschließlich Nebenkosten in Höhe von 19.068.125,-- DM ange-
> geben. Die reinen Baukosten, Kostengruppe 3 - 5, belaufen sich
> laut Schlußbericht auf 15.122.149,-- DM. Tatsächlich betrugen
> diese Kosten aber nur 10.583.439,-- DM, d. h. es klafft eine Diffe-
> renz von 4.538.710,-- DM = 42,88 %.

> Zu den vorgenannten Kosten kommen für die am Abschreibungs-
> modell beteiligte Bauherrengemeinschaft zusätzliche Kosten in
> Höhe von 8.832.875,-- DM für Gesellschafts- und Finanzierungs-
> kosten, die nicht in vollem Umfang Bestandteil der öffentlichen
> Förderung sind. Dieses Beispiel ist im wesentlichen auf beliebige
> Bauvorhaben der letzten Jahre, soweit von Wohnungsunternehmen
> mit eigenen Generalüber- und -unternehmern durchgeführt, über-
> tragbar.

Ihnen ist sicher bekannt, daß in Berlin z. Zt. mehr als 80 % des öffentlich
geförderten Wohnungsbaus über Bauträger mit den ihnen angeschlosse-
nen Generalüber- und -unternehmern abgewickelt werden.

Errichtung und Abrechnung dieser Bauvorhaben erfolgt im wesentlichen nach dem gleichen Schema: Es werden Generalüber- und -unternehmer eingeschaltet, die in der Regel im gleichen Haus des Wohnungsunternehmens sitzen, oft mit dem gleichen Geschäftsführer."

Und der Brief schloß mit den Worten:

"Ich bin mir bewußt, daß eine Veröffentlichung dieses Briefes meine berufliche Existenz gefährdet. Ich sehe jedoch keinen anderen Weg, das stark erschütterte Vertrauen in viele Entscheidungen der Bauverwaltung wieder herzustellen, als durch Nennung von Fakten.

Ich bin mit anderen Kollegen bereit, uns vorliegende Abrechnungen zu Bauvorhaben einiger Wohnungsunternehmen aus der Zeit von 1981 bis heute in einem privaten vertraulichen Gespräch vorzulegen.

In der Hoffnung auf eine baldige positive Antwort verbleibe ich ..."

Der Senator für Bau- und Wohnungswesen beauftragte am 19.3.1986 eine Wirtschaftsprüfungsgesellschaft mit der Prüfung von GÜ/GU-Abrechnungen für durch die Wohnungsbaukreditanstalt Berlin (WBK) geförderten Bauvorhaben. Dabei sollte sich die Prüfung auftragsgemäß auf die Höhe der "Rohüberschüsse" beziehen, die von Generalübernehmern bei konkret benannten Bauvorhaben erzielt worden sind.

Am 5.9.1986 wurde das Ergebnis vorgelegt:

"Aus der Zusammenfassung aller 62 erfaßten Bauvorhaben ergaben sich die folgenden Durchschnittswerte

Rohertrag	14,1 %
Überschuß GÜ-Bereich	9,0 %
Überschuß nach Verrechnung anteiliger Grundstücksverluste	7,7 %"

Die Zeitschrift "Gemeinnütziges Wohnungswesen" stellte in Heft 11/1986 die Frage: Wie hoch sind die Gewinne wirklich? und schrieb: "Uns will scheinen, daß die Frage, wie hoch die Gewinnspanne der Generalübernehmer wirklich sind, damit keinesfalls beantwortet sein kann. Auch die Frage des "GW"-Vertreters nach den Verschachtelungen unterschiedlicher Tätigkeiten unter einem Firmendach und der dadurch verteilten Gewinnmöglichkeiten fand keine zureichende Antwort.

Interessant dürfte der Hinweis des Senators sein, "demnächst kommt die gemeinnützige Wohnungswirtschaft an die Reihe." Der Senator will bei Vergaben an Generalübernehmer über die WBK sicherstellen, daß jeweils fünf Wettbewerber ihre Angebote abgegeben haben, bevor ein Auftrag erteilt wird. Die WBK soll ihr Kontrollsystem ändern: "mehr Kontrolle ist das Ziel".

Dem Gutachten ist kritisch anzumerken: Solange die Gewinne so hoch sind, dürfte die Gelegenheit zu schmieren nicht ausgeräumt sein. Es sind häufig höhere Gewinne, als sie in anderen Branchen erzielt werden - und da liegt im System der Generalübernehmer die Gefahr - wie sich in einem krassen Beispiel in Berlin gezeigt hat, "Provisionen" und Bestechungsgelder unterzubringen. Was wir vom "Treuarbeit"-Gutachten erfuhren, kann uns nicht hoffen lassen."

Die gemeinnützige Wohnungswirtschaft kam an die Reihe. Am 22.12.1986 beauftragte der Senator die Wirtschaftsprüfungsgesellschaft mit einer vergleichenden Untersuchung über die Kostenstrukturen und die Höhe der Kostenmieten bei ... Bauvorhaben:

- gemeinnütziger Wohnungsbaugesellschaften, an denen das Land Berlin maßgeblich beteiligt ist (ohne Einschaltung von GÜ/GU) und

- freier Wohnungsunternehmen (mit Einschaltung von GÜ/GU).

Zur Wahrung der Vertraulichkeit sollten nur relative Größen (DM je qm Wohnfläche, DM je Wohneinheit) aufgenommen werden. Die Generalübernehmer-Margen sind als sonstige Beträge zu bezeichnen.

II) BAUWIRTSCHAFTER DER LÄNDER - SCHAUT AUF DIESE KOSTEN

Heraus kam, daß z. B. je qm Wohnfläche sowohl die gemeinnützigen als auch die freien Wohnungsunternehmer mit 3.624.- DM und 3.744.- DM auf gleichem Niveau liegen (vgl. Bild 31).

Das, was die freien Wohnungsunternehmen in den Kosten des Bauwerks und dem Anteil der Kostengruppen 4.0, 5.0 und 6.0 weniger benötigten, billigten sie sich in den Baunebenkosten wieder zu. Dort hatte nämlich die Wirtschaftsprüfungsgesellschaft jenen Posten ausgewiesen, der den Rohertrag der Generalübernehmer darstellt, und mit dem unverfänglichen Begriff VERWALTUNGSTÄTIGKEIT DES BAUHERRN ausgestattet. Rechnet man das zweite Gutachten nach dem Schema der Wirtschaftsprüfungs

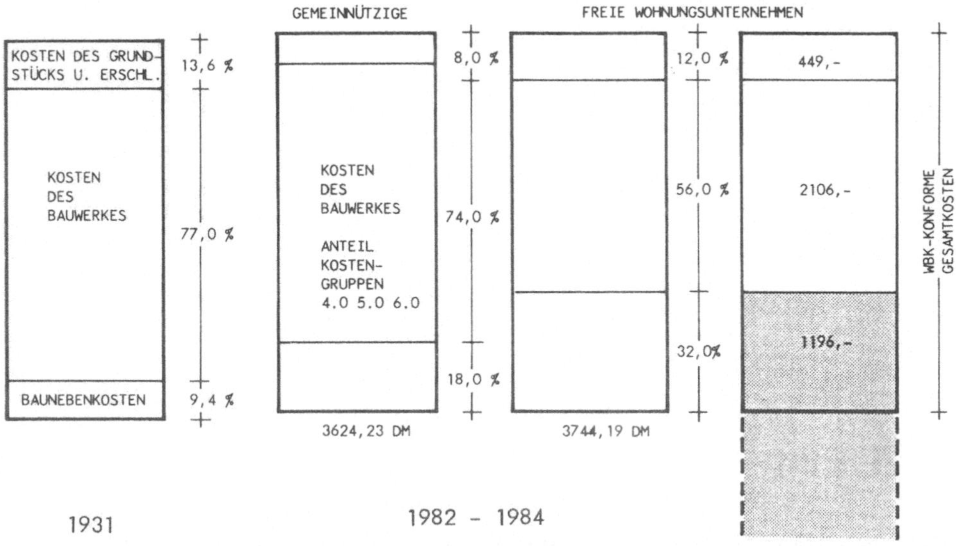

Bild 31:   Kostenvergleich der Kostenstruktur im Geschoßwohnungsbau

gesellschaft durch, so ergeben sich allerdings völlig andere Werte (vgl. Bild 32).

Dann macht der Rohertrag, ganz gleich ob man die Miete, den DM-Wert je m² oder m³ nimmt, 19,3 % von oben aus, oder anders ausgedrückt, auf die Herstellungskosten einen Rohertrag von 23,87 % ex post. Ex ante wurden wohl die Werte eingesetzt, von denen der Architekt in seinem Brief an den Regierenden Bürgermeister sprach.

Nimmt man die Abflüsse aus den anderen Bereichen (Vermittlung von Gesellschaftskapital, Erbringung von Verwaltungsleistungen und diversen Geschäftsbesorgungsaufgaben, Planungs- und Bauleitungsfirmen) in Form einer abgestuften Deckungsbeitragsrechnung noch hinzu, so ergibt sich ein völlig anderes Zahlenbild, wie im Gutachten I der Wirtschafts-prüfungsgesellschaft dargestellt.

Die CDU muß sich einem Problem stellen, das ihr durch die SPD zugewachsen ist. Nicht selten ist es nämlich so, daß grundlegende

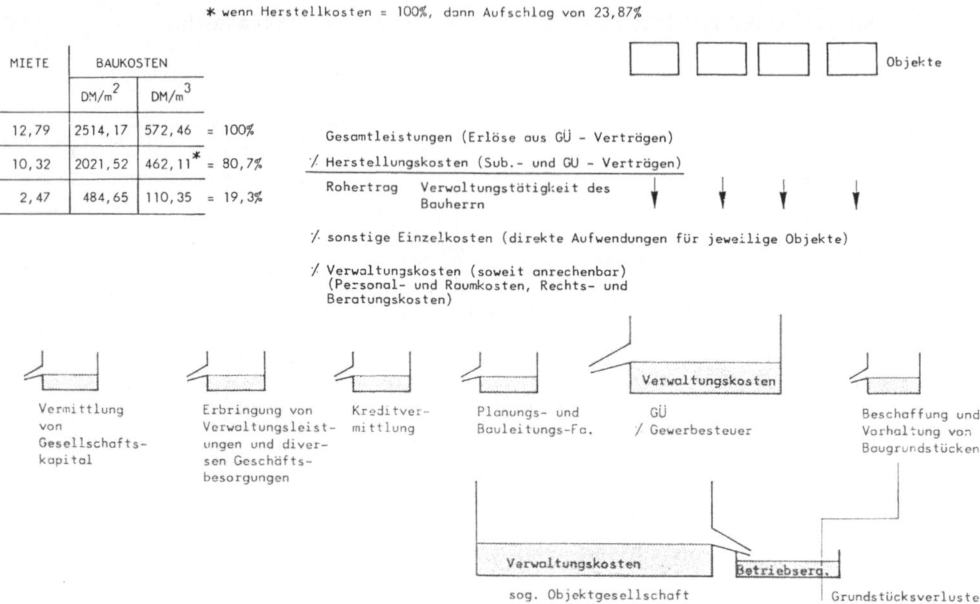

Bild 32:   Den Gewinnen im sog. Kaskadenverfahren auf der Spur

Entscheidungen über die Förderung des Wohnungsbaus erst nach einer Phasenverschiebung von vielen Jahren zu Fehlentwicklungen führen. Dazu sollte man einen Blick auf die beiden nachfolgenden Tabellen werfen, die von meinem Mitarbeiter, Herrn Dipl.-Ing. Koopmann, vor geraumer Zeit zusammengestellt worden sind.

Als Gründe für die abweichende Kostenentwicklung müssen allerdings erwähnt werden:

a)   Berlin war ein gewachsenes Akkordtarifgebiet ("Geldakkord").

b)   Die nach dem 2. Weltkrieg sich abzeichnende Maschinisierung wurde in den Akkordwerten nicht entsprechend berücksichtigt.

c)   Das "Besitzstandsdenken" - nicht nur in der Bauindustrie - hat eine Flexibilität auf dem Lohnsektor, mit den starken Gewerkschaften im Rücken, nie ermöglicht. Die These, der "Markt bestimmt den Preis" hat sich auch bei den Tarifvereinbarungen ausgewirkt.

Tabelle: Gesamtkosten im zeitlichen und räumlichen Vergleich

| Jahr | Gesamtkosten je m² WFL (1.0-7.0) | | | | (1.0-7.0) Abweichungen (HH=BASIS) | | |
| | Berlin | | Hamburg | NRW | Berlin | Hamburg | NRW |
		INDEX					
1969	1.053,-	100				100	
1970	1.191,-	113,1		898,-		100	
1971	1.550,-	147,2		1.043,-		100	
1972	1.690,-	160,5		1.189,-		100	
1973	1.795,-	170,5	1.330,-	1.299,-	135	100	97,7
1974	2.085,-	198,0	1.441,-	1.423,-	144,7	100	98,8
1975	2.110,-	200,4	1.405,-	1.491,-	150,2	100	106,1
1976	2.218,-	210,6	1.455,-	1.627,-	152,4	100	111,8
1977	2.088,-	198,3	1.566,-	1.620,-	133,3	100	103,4
1978	2.692,-	255,7	1.773,-	1.662,-	151,8	100	93,7
1979	2.762,-	262,3	1.972,-	1.829,-	140,1	100	92,7
1980	3.360,-	319,1	2.156,-	2.037,-	155,8	100	94,5
1981	3.728,-	354,0	2.290,-	2.257,-	162,8	100	98,6
1982							
1983							

Tabelle: Situationsanalyse "Mietwohnungsbau 1981"

	Hamburg	Berlin	NRW
Gesamtkosten je m² WFL	2.290,-- DM	3.731,-- DM	2.218,-- DM
1.0 und 2.0 je m² WFL	305,-- DM	265,-- DM	215,-- DM
3.0 bis 7.0 je m² WFL	1.985,-- DM	3.466,-- DM	2.003,-- DM
KOSTEN DES BAUWERKS (je m² WFL)	1.715,-- DM	2.125,-- DM	1.602,-- DM
(3.0) " (je m³ UR)	351,-- DM	468,-- DM	319,45 DM
BEWILLIGUNGSMIETE	6,26 DM	5,53 DM	5,68 DM
KOSTENMIETE (ohne Subv.)		27,56 DM	-,-- DM
SUBVENTIONEN:			
a) KAPITALSUBV. (BAUDARLEHEN)	1.927,-- DM		1.330,-- DM
b(ERTRAGSSUBV. (AWH)		22,03 DM	1,80 DM
c)			
SUBVENTIONEN			
a) in % DER GESAMTKOSTEN	84,1 %		60 %
b) in % DER KOSTENMIETE		79,9 %	

d)   Das "Inselsyndrom" in Berlin tat sein übriges. Die Arbeitsplatz-
konkurrenz aus den "Randgebieten" fehlt.

e)   Gleiche - nicht nur durch den Transportweg erklärbare - Preisunter-
schiede finden wir noch ausgeprägter auf dem Baustoffsektor.

1968 hat ein SPD-regierter Senat die Umstellung von öffentlichen Bauvorhaben auf sog. Annuitätshilfen beschlossen, 1971 die Förderung mit
Aufwendungshilfen. Es wurde ein Wechsel auf die Zukunft gezogen,
denn man wollte die Wohnungsbau-Lasten auf die Generationen vertei-
len in der Hoffnung, daß die realen Einkommenssteigerungen und Infla-
tionsraten die Mieter - nach Ablauf der Förderungsdauer von 15 Jahren -
in die Lage versetzten, die Kostenmiete bezahlen zu können. Die Form
der Förderung war eine haushaltspolitische Entscheidung, denn Baudarlehen erfordern sofortige Mittel aus dem Landeshaushalt - also eine Neu-
verschuldung bei voller Zinslast. Mit dem neuen Förderungssystem
wollte man dies umgehen.

Zum Einstieg sei folgendes erläutert:
Die Förderung des sozialen Wohnungsbaus kann erfolgen mit öffentlichen Baudarlehen zur Deckung der entstandenen Gesamtkosten oder
mit Aufwendungsdarlehen / Aufwendungszuschüssen zur Deckung der
laufenden Aufwendungen. Dabei ist die Höhe der erforderlichen öffentlichen Mittel so zu bemessen, daß die Wohnungsmieten von breiten
Schichten des Volkes getragen werden können.

Die Fördersätze sind also die Differenz von Kostenmiete und
Bewilligungsmiete, und diese ist dem Bauherrn zu erstatten. Nach
diesem Kostenerstattungsprinzip wurde bis September 1981 verfahren,
d. h. das Land Berlin subventionierte nach, wenn der Bau teurer wurde
als bewilligt. Durch den Nachsubventionierungs-Verbots-Beschluß des
Senats wurde das Kostenerstattungsprinzip ab September 1981 verlassen,
der Bauherr sollte das Mehrkosten-Risiko tragen. Er konnte lediglich den
Versuch unternehmen, Teile dieser Mehrkosten auf die Mieter
abzuwälzen. Da dies mietenpolitisch unerwünscht war, verbot der Senat
1984 die Anerkennung von Mehrkosten. Parallel wurde auf die
Kostenmieten-Obergrenzen gedrückt, was man - wenn man Bild 33) vor
Augen hat - gut verstehen kann.

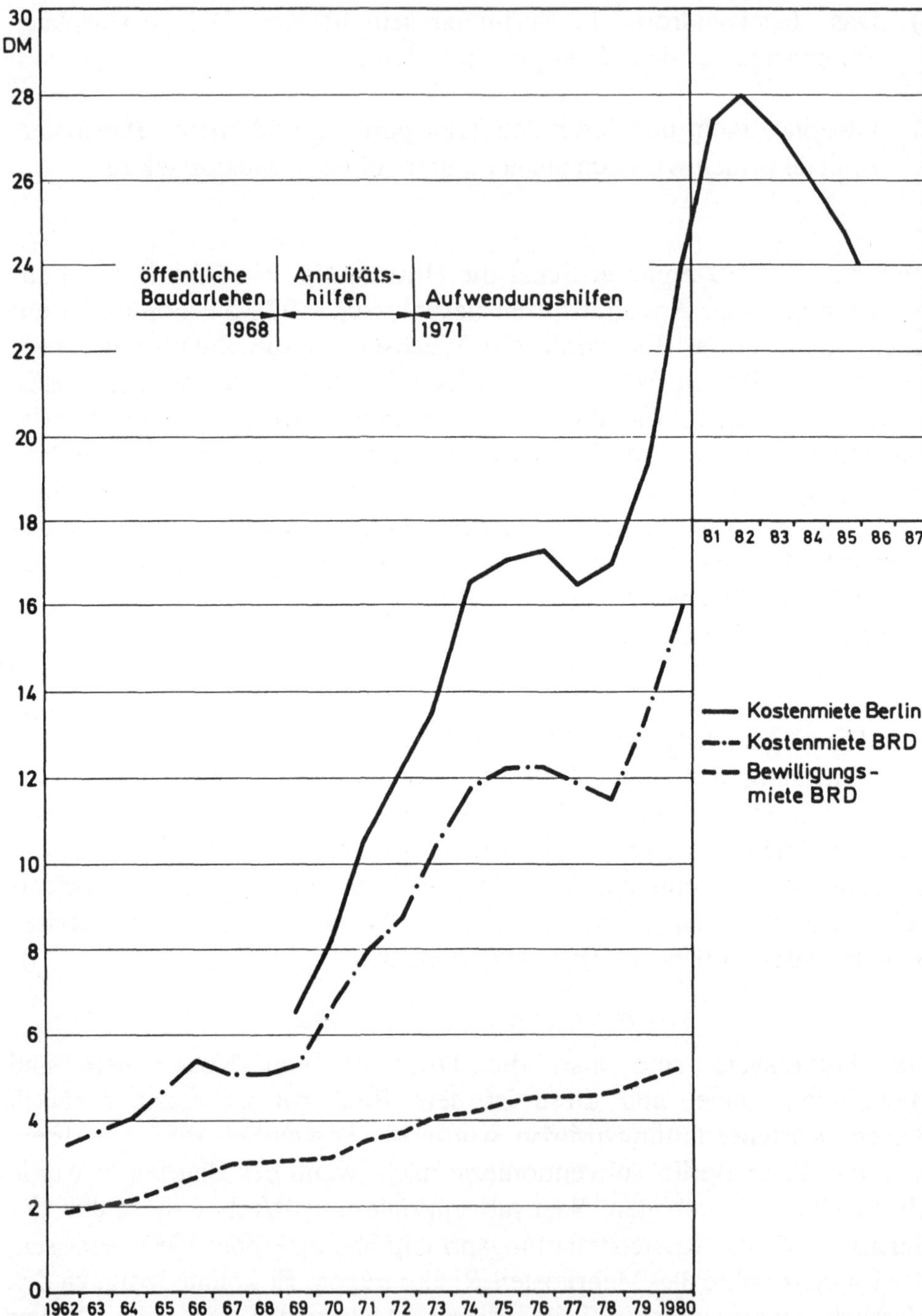

Bild 33: Die Kostenmieten in Berlin und der Bundesrepublik sowie die Bewilligungsmiete im zeitlichen Verlauf

Der ständige Druck auf die Kostenmiete und die Verlagerung des Teuerungsrisikos auf den Bauherrn werden als die entscheidenden Gründe für die verstärkte Beauftragung von GÜ's und GU's angeführt und als sog. Risiko-Entlastungs-Instrument verteidigt (J. Schlegel).

III) GÜ - RISIKOENTLASTUNGSINSTRUMENT ODER GEWINN- UND HONORARSCHÖPFUNGSINSTRUMENTARIUM?

Für den, der sich etwas näher damit befaßt, sieht die Konstruktion etwa so aus (vgl. Bild 34).

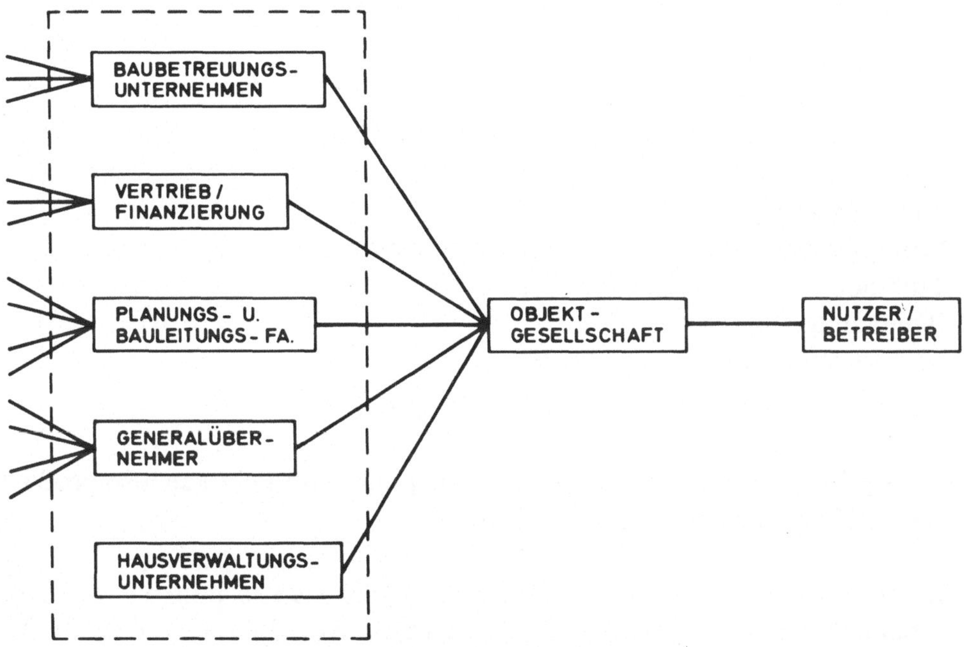

Bild 34: Die Objektgesellschaft mit einzelnen Tätigkeitsbereichen

Der Bauträger (die sog. Objektgesellschaft) schließt mit einem rechtlich selbständigen Unternehmen der eigenen Firmengruppe einen Generalübernehmervertrag ab, aufgrund dessen der GÜ zu einem Festpreis ein schlüsselfertiges Gebäude errichtet. Der zwischen der Objektgesellschaft und dem GÜ vereinbarte Festpreis orientiert sich an der von der WBK tolerierten Baukostenobergrenze. Der GÜ seinerseits schließt nun aber mit GU's und Subunternehmern (die nicht zur Firmengruppe gehören) Verträge ab, die an der Kostenuntergrenze liegen.

Es liegt also weniger ein Risiko-Entlalstungs-Instrument (Jörg Schlegel) vor, das unersetzlich ist, sondern eher ein Gewinn- und Honorarschöpfungsinstrumentarium, das sich an den Übersubventionen gut bedient.

Das ganze hat aber noch eine andere, ebenso gefährliche Seite, wenn wir noch einmal auf Bild 31 zurückblicken.

Im Jahre 1931 lag der m²-Preis bei etwa 165 RM. Rund 50 Jahre später ist er auf 3.600.- DM gestiegen. Nimmt man zu den Baunebenkosten von 1.106.- DM noch einmal die Kosten hinzu (rechte Seite von Bild 31), die als Kosten der Gesellschaft ausgewiesen werden:

- Kapitalvermittlung
- Marketing, Prospekte
- Rechts- und Steuerberatung, Wirtschaftsprüfung
- Steuern
- Erstvermietung
- Komplementär- und Geschäftsbesorgungsverträge
- laufende Aufwendungen der Gesellschaft
- Treuhandgebühren
- und sonstige Finanzierungslasten

so kommen noch einmal rd. 1.000.- DM hinzu.

Rein optisch erkennt man schon, daß das punktierte Feld genauso groß ist wie die Kostengruppe 3.0, 4.0, 5.0 und 6.0.

Damit entstehen die beiden Fiktionen, die ich schon in meinem Handbuch zur kostenbewußten Bauplanung vor Jahren auf S. 243 ff. beschrieben habe.

Als "die" Sache und "der" Ertrag ihre Ehe eingingen, aus der im Laufe der Zeit eine Vielzahl von Kindern hervorgingen, wie z. B. der Beleihungswert, der Einheitswert, der Versicherungswert, der Verkehrswert, war die Verbindung von zwei Fiktionen begleitet (vgl. Bild 35), nämlich der:

1. Wertübergangsfiktion
2. Wertabgabefiktion.

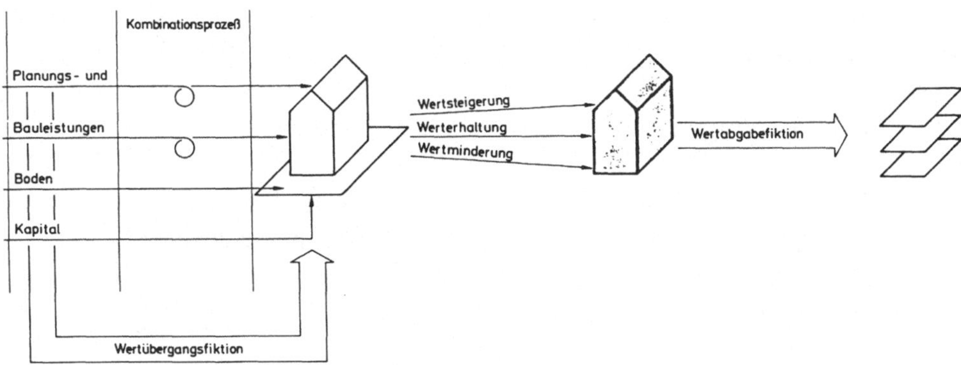

Bild 35:   Fiktionen des Bewertungswesens

Zu 1.   WERTÜBERGANGSFIKTION, dies ist die vom Sachwertgedanken geprägte Unterstellung, daß die beim Kombinationsprozeß verbrauchten Güter in das erstellte Bauobjekt mit
ihrem Wert "hinüberwechseln". Mit anderen Worten, daß die
Preise von Planungs- und Bauleistungen, die Preise von Grund
und Boden sowie allfällige Nebenkosten sich in diesem
kumulieren und ihm seinen Wert verleihen. Der Grundgedanke
dieser Überlegung findet sich in der sog. Bilanzgleichung wieder:

Aktiva	Passiva
Wert des Gründstückes	Eigenkapital
Wert des Gebäudes	Fremdkapital
usw.	
100 %	100 %

Zu 2.   WERTABGABEFIKTION. Diese zweite Fiktion besteht nun
darin, daß die aus der Investition und ihrer Finanzierung
resultierenden Ausgaben und/oder Kosten, die für die vereinbarte
Tilgungszeit aufgebracht werden müssen, auf der Ertragsseite
auch wieder in Erscheinung treten, d. h. daß Werte "abgegeben"
werden. Dabei wird jeder einsehen, daß Güterverzehr auch dann
entsteht, wenn keine Vermietungsleistung vorliegt, d. h. wenn die
Gebäude nicht wie vorgesehen genutzt werden können.

Auch diese Ertragswertüberlegungen lassen sich in Kontenform darstellen:

Aufwendungen	Erträge
Fremdkapitalzinsen	"Soll"-Mieten
Eigenkapitalzinsen	(= Jahresrohmiete)
Abschreibung	
Verwaltung	sog. Bewirt-
Steuern	schaftungs-
Betrieb	kosten
Bauunterhaltung	
Mietausfallwagnis	

Subtrahiert man vom ROHertrag die Bewirtschaftungskosten, so erhält man den REINertrag:

Aufwendungen	Erträge
Fremdkapitalzinsen	Jahresrohmiete
Eigenkapitalzinsen	./. Bewirtschaftungskosten
= Reinertrag	

Da die künstlich hineingeblasene Luft an den oben beschriebenen Kostenarten relativ rasch abgelassen wird und nur wenig reale Substanz übrigbleibt, kommt es zu einem allmählichen Verfall von Immobilienwerten, wobei der Bürger noch gezwungen wird, mit seinen Steuern den Verfall des Wertes der eigenen Immobilie zu beschleunigen.

4.5   Die Neue Heimat - ein Kapitel für sich

Ein Buch über Trends, Fehlentwicklungen und Delikte in der Bauwirtschaft kann man nicht abschließen, ohne den Fall "Neue Heimat" zu er-
wähnen. Die Vorgänge ausführlich zu beschreiben, würde den gesetzten
Rahmen sprengen.

Der Untersuchungsbericht:

- der Bürgerschaft der Freien Hansestadt Hamburg, Drucksache
  11/5900 vom 7.5.86, umfaßt 995 Seiten

- des Deutschen Bundestages, Drucksache 10/6779 vom 7.1.87, umfaßt
  483 Seiten.

Würde man das, was in den beiden Untersuchungsberichten zusammen-
getragen wurde, was in weiteren Veröffentlichungen nachzulesen ist, um
das ergänzen, was man selbst in Erfahrung bringen konnte, das Bild 24
(Standortbestimmung von Fehlentwicklungen und möglichen Deliktfeldern) müßte nicht nur neu gezeichnet werden, es würde auch vom
Fassungsvermögen nicht ausreichen, selbst wenn die einzelnen Vorgänge
nur als Punkte kartiert würden. Und das alles, so will man uns glauben
machen, konzentriert sich auf eine Person. "Daß es überhaupt zu einer
Affäre Neue Heimat habe kommen können", ist für Hesselbach "allein
die Schuld eines Mannes" (des früheren Neue-Heimat-Chefs Albert
Vietor) und die Folge von Fehleinschätzungen der Konjunktur. Die
allgemeinen Ziele der Gemeinwirtschaft seien dagegen immer beschei-
den gewesen ("optimale Kombination von Qualität, Preis und Service"),
und man habe im Wettbewerb immer einen bedeutungsvollen Ordnungs-
faktor gesehen." (Nach FAZ vom 15. Oktober 1987, Nr. 239, S. 15)

Wer immer mit der NH und/oder NHS zu tun hatte und auf
Unregelmäßigkeiten stieß, konnte nicht den Eindruck gewinnen, daß alles
nur auf Anweisung von "King Albert" geschah. Da mischten alle
Hierarchien wohl kräftig mit. Auch hat es dem Vorstand ja nicht an
besserer Einsicht gefehlt. Vietor schrieb 1961 "Generell möchte ich aber
sagen, daß nach meiner Meinung die große Hausse am Grundstücksmarkt
vorbei ist, daß also die jetzt zu verzeichnenden Preise nicht mehr
wesentlich steigen werden.

Die Hausse ist vorbei, einmal, weil viele Interessenten Vernunft einkehren lassen, sich zurückhalten und nicht jeden Preis bewilligen, und zum anderen, weil verschiedene Institutionen gemerkt haben, daß ihre Entscheidung, am Grundstücksmarkt tätig zu werden, verkehrt war. Einige Institutionen, die immer noch tätig sind, sollten sich in Zukunft auf ihr eigentliches Geschäft besinnen. Aber noch eines: ein Großteil Schuld an der Entwicklung der Grundstückspreise und der unsinnigen Situation am Grundstücksmarkt überhaupt haben aber auch die Gemeinden selbst, die sich in den Grundstücksmarkt preissteigernd erheblich eingeschaltet haben, obwohl ein Bedarf an Grundstücken nicht vorhanden war, also nur zum Zwecke der Hortung.

Allen Unternehmen darf ich empfehlen, hinsichtlich ihres Grundstücksbedarfs sehr genau zu disponieren" (in: Der langfristige Kredit, 9/1961, S. 390).

1977 schrieb das Vorstandsmitglied W. Vormbrock zur "Begrenzung der Risiken in der Wohnungswirtschaft":

"Der öffentliche Subventionsträger verläßt das politisch-optisch sinkende Schiff, streicht seine Subventionen, hält die sozialpolitischen Postulate niedriger Mieten aber aufrecht, überläßt mit anderen Worten die Wohnungswirtschaft dem Markt mit einer Preis-/Kostendifferenz von 4,- DM bis zu 10,- DM je m^2 Wohnfläche und Monat und tötet damit nahezu jede unternehmerische Investitionsneigung (von Eigentumsmaßnahmen einmal abgesehen).

Der Mietwohnungsbau ist also schon heute ein Preis- bzw. Mietenproblem, zum Teil auch ein P r e i s v e r w ö h n u n g s p r o b l e m. Setzt man diese Gedankengänge fort, so wird sich nach den - eben nicht nur theoretischen - Gesetzen des Marktes hier in den nächsten Jahren ein Angebotsminus bilden, das sogar zur Folge haben kann, daß die politisch niedrig gehaltenen Preise, also die subventionierten Mieten, zum Schwarzhandel führen, was marktwirtschaftlich bedeutet, daß auch vom Markt her weitere Preisauftriebskräfte wirksam werden und man dann wirklich nur noch die Möglichkeit hat, gewissermaßen als SOS-Maßnahme das gesamte Mietenniveau sich dem Kostenpreisniveau angleichen zu lassen, was politisch mindestens vorübergehend dem Zündstoff einer Bombe gleichkommen dürfte.

Was aber kann die Zukunft bringen?

Die erforderlichen Subventionen zur Einhaltung eines heute gewünschten Mietlevels werden politisch nicht mehr durchsetzbar sein. Das bedeutet ein, wenn es gut geht, langsames Annähern der Marktmiete (nicht vergessen: zum Teil manipulierte Marktmiete) an die viel höherliegende Kostenmiete, was sozialpolitisch wohl unter weitgehender Wahrung des "Besitzstandes" erfolgen muß, d. h. durch entsprechende zusätzliche Erhöhung der Einkommen und Löhne. Das heißt aber auch: zahlen tut auch hier die Allgemeinheit, nämlich über die höheren Lohnkosten als allgemeine Preisbestandteile, aber - nach diesem inflatorischen Trick - eben nicht mehr über steuerliche Subventionen. Man kann auch sagen, alles liefe dann viel marktwirtschaftlicher ab.

Diese Gedankengänge sind zur Zeit sicherlich ebenso theoretisch wie unpopulär.

Aber die Wahrheit kennt keine Loyalität.

Dies zeigt aber auch auf, daß die Untersuchung wohnungswirtschaftlicher Risiken in einem von sozialpolitischen Eingriffen freien Zeitalter rein marktwirtschaftlicher Wohnungswirtschaft zu anderen Ergebnissen führen müßte als eben heute. Heute ist die Wohnungswirtschaft politisiert wie kaum ein anderer Wirtschaftszweig. Und deswegen ist es wohl auch folgerichtig zu sagen, ein allgemeines, aber nicht kleines Risiko der heutigen Wohnungswirtschaft liege in einer gewissen Willkür politisierender Einzelgruppen, die sich nicht scheuen, unter dem Mantel vordergründiger Demokratisierungschiffren andere Grundrechte manchmal ganz schön mit Beulen zu versehen.

Mit der zweiten Vorbemerkung möchte ich mein Thema abstecken:

Es gibt sehr viele Risiken, von der falschen Markteinschätzung angefangen bis zu Rechenfehlern in der Kalkulation, von der sich plötzlich auftuenden Quelle unter dem soeben errichteten Eigenheimgebiet bis hin zur Unersetzbarkeit des Chefs." (Der langfristige Kredit, Heft 4, 1977, S. 99)

In den vielen Veröffentlichungen zur Affäre Neue Heimat blieben einige Punkte unerwähnt:

I) KOSTENÜBERWÄLZUNGSRECHNUNG UND GEMEINWIRT-
SCHAFTLICHES PRINZIP

Das Modell "Gemeinwirtschaft" wollte sich von der schnöden Profit-Ökonomie abheben. Das erwerbswirtschaftliche Prinzip, das sich in der Formel

$$\text{Kosten} \quad \genfrac{}{}{0pt}{}{+\,\text{Gewinn}}{-\,\text{Verlust}} \quad = \text{Preis}$$

ausdrücken läßt, sollte in die Formel

$$\text{Kosten} = \text{Preis}$$

(gemeinwirtschaftliches Prinzip) übergeführt werden.

Mangels historischer Bildung hatte man natürlich nicht erkennen können, daß man im LSÖ-Denken des Dritten Reiches verstrickt war. Wissenschaft und Praxis hatten sich in den zwanzig Jahren zwischen den beiden Weltkriegen um eine einheitliche Kostenrechnung in Deutschland bemüht, da man sich von ihr neben einem wünschenswert niedrigen Streugrad der Kalkulationsergebnisse insbesondere nützliche Leistungsvergleiche für die Betriebs- und Volkswirtschaft versprach.

Den Auftakt gab die Verordnung vom 15. November 1938, die sogenannte LSÖ (Leitsätze für die Preisermittlung auf Grund der Selbstkosten bei Leistungen für öffentliche Auftraggeber). Der LSÖ folgten aus gleichen Erwägungen die KRG (Allgemeine Grundsätze der Kostenrechnung) als Erlaß vom 16. Januar 1939. Die Grundsätze zu erläutern, war Aufgabe der KR (Allgemeine Regeln zur industriellen Kostenrechnung im Auftrag der Reichsgruppe Industrie).

Es ging in der Kalkulation schließlich nach der Formel

$$S\,(1 + g/100) = P$$

$$S = \text{Selbstkosten}$$
$$g = \text{Gewinn}$$
$$P = \text{Preis.}$$

Da der Gewinn festgezurrt wurde, mußte man hohe Selbstkosten machen, um hohe absolute Gewinne zu erhalten. Alte Bauleute, die noch beim Bau des Westwalls beteiligt waren, erzählten mir in den fünfziger Jahren mit verklärter Stimme über die Machenschaften im Personal-, Geräte- und Stoffbereich.
Immerhin wurden solche Gewinne erzielt, daß mehrere Fachverbände Dipl.-Ing. Gerhard Opitz baten, ein "Gutachten über die Nutznießerschaft im Baugewerbe" zu erstellen.

In seiner Expertise vom 20. November 1946 kommt er zu den Schluß: "Zusammenfassend kann gesagt werden: In guten Zeiten müssen Baugewinne in der Größenordnung von 35 Prozent erzielt werden, wenn ein Unternehmen mit einem angemessenen Durchschnittsgewinn arbeiten soll."

Dieses Gedankengut der K o s t e n ü b e r w ä l z u n g s r e c h n u n g wurde in die Jahre nach 1950 übernommen.

In seinem Aufsatz "Das Kartellgesetz - ein Dogma?" schrieb Professor Dr. Ludwig Erhard in der FAZ vom 24. Juli 1954: "Sollen wir etwa wieder nach dem Muster der LSÖ damit beginnen, an Hand von Durchschnittskalkulationen die Angemessenheit von materiellen Forderungen zu untersuchen; haben wir mit diesem groben Unfug nicht hinreichend trübe Erfahrungen gemacht?"

Im Geiste dieses oben erwähnten gesetzgeberischen und Sachverständigenwerkes hat sich auch das Denken in Kosten der Neuen Heimat erschöpft. Gewinne sind zwar etwas Schnödes, aber die tatsächlich entstandenen Kosten zu ersetzen, das kann doch nichts Schlimmes sein. Spalten wir nämlich die Formel

$$\text{Kosten} = \text{Preis} \qquad \text{auf in:}$$
$$K_O + K_H = \text{Preis},$$

dann sind K_O jene Kosten, die bei sparsamster Wirtschaftsführung nötig sind, um eine betriebliche Leistung zu erstellen, und K_H, die sogenannten Herrschaftskosten, sind nichts anderes als Kostenaufblähung aus Bürokratie, Bau-"Tourismus", Anspruchsdenken und überhöhte Gehälter, die sich bestimmte Personengruppen zugebilligt haben. So spricht manches dafür, daß das gemeinwirtschaftliche Prinzip der Neuen Heimat den Garaus machte und nicht umgekehrt.

II) WENN DIE (FLÜCHTIGE) AUFSICHT IM HIMMEL ANGESIEDELT IST

Der Aufsichtsrat der großen Kapitalgesellschaften hat folgende Hauptaufgaben:

- die Bestellung und Abberufung der Vorstandsmitglieder

- die Überwachung der Geschäftsführung

- die Mitwirkung bei der Feststellung und Prüfung des Jahresabschlusses, des Lageberichtes und des Bilanzgewinnverwendungsvorschlages

- die Berichterstattung über seine Arbeit an die Hauptversammlung.

Der Aufsichtsrat hat die Geschäftsführung zu überwachen. Die Überwachung erstreckt sich nicht nur auf die Rechtmäßigkeit, sondern auch auf die Beurteilung der Zweckmäßigkeit und Wirtschaftlichkeit der Unternehmensführung.

Man unterscheidet bei den Dimensionen individueller Autorität häufig drei Dimensionen (vgl. Bild 36).

Läßt man die Mitglieder von Aufsichtsrat, Arbeitsausschuß und Aufsichtspräsidium der Neuen Heimat (vgl. Georg Ritter: Gewerkschaften als Unternehmer, München 1987, S. 166 ff) Revue passieren, so war wohl die funktionale Autorität (Sachverstand) nur kümmerlich ausgeprägt.

Dagegen reichte die Amtsautorität bereits in den Himmel (vgl. Bild 37). Wenn das "Fußvolk" aufschreit, über eine Aufbau- und Ablauforganisation einer Wohnungsbaugesellschaft Klage führt, dann werden solche Institutionen immer eine Antwort parat haben: Der hat ja im Grunde nichts gegen unsere Organisation, der läßt an uns nur seine Ärger über die Gewerkschaften, die Kirche und die Politik aus.

III) MANGELNDE AUSSAGEFÄHIGKEIT DES RECHNUNGSWESENS FÜR EIN KOMPLEXES AUFTRAGSGEFÜGE

Gerade im geschäftlichen Bereich der NHS mit GÜ-Aufgaben wäre es erforderlich gewesen, eine Kostenrechnung zu haben, die rechtzeitig die

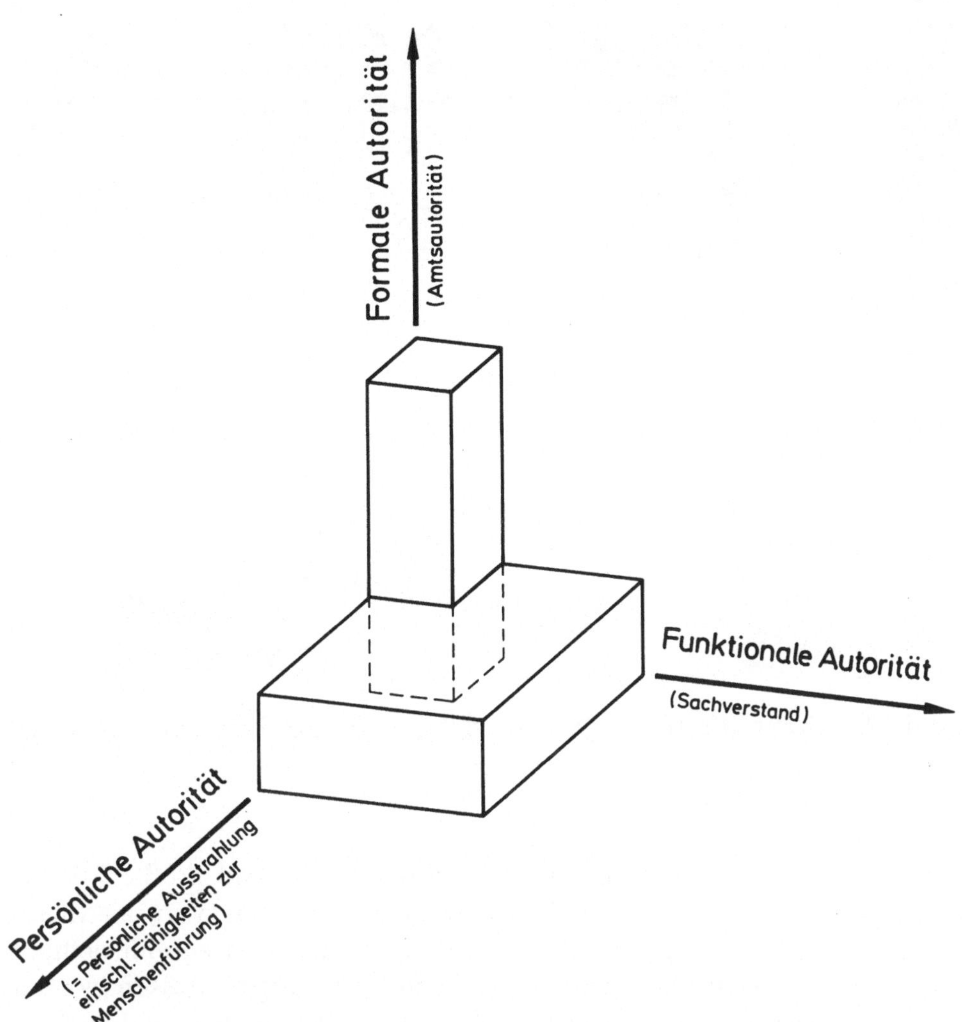

Bild 36:   Die Dimensionen individueller Autorität

Bild 37:   Wenn die (flüchtige) Aufsicht bereits im Himmel angesiedelt ist

rote Lampe aufleuchten ließ. Dabei wurden große und größte Projekte kostenrechnerisch über die Einheitsleisten wohnungswirtschaftlicher Anforderungen gestülpt. Zwar war die Masse der Verträge hinsichtlich der Honorierung der Baubetreuungsleistungen so abgeschlossen worden, daß man sich an den anrechenbaren Baukosten prozentual beteiligen konnte wie das Finanzamt an den steuerpflichtigen Umsätzen. Fehlte dann doch endlich etwas in der Schlußabrechnung, dann halfen die Beziehungen "über den Wolken" (vgl. Bild 37) weiter.

5.0 Gesellschafts- und wirtschaftsbezogene Rechnungslegung

In einer Volkswirtschaft werden täglich Millionen ökonomischer Transaktionen zwischen Millionen von Wirtschaftssubjekten vollzogen.

Da es praktisch unmöglich ist, alle Transaktionen zwischen allen Wirtschaftssubjekten einzeln zu erfassen und darzustellen, versucht man mit Hilfe der volkswirtschaftlichen Gesamtrechnung, die wirtschaftlichen Vorgänge zu ordnen und überschaubar zu gestalten.

Das Ergebnis aller ökonomischen Aktivitäten einer Volkswirtschaft wird üblicherweise durch das Sozialprodukt ausgewiesen. In Bild 38 haben wir eine auf die Bauwirtschaft bezogene Kreislaufbetrachtung dargestellt.

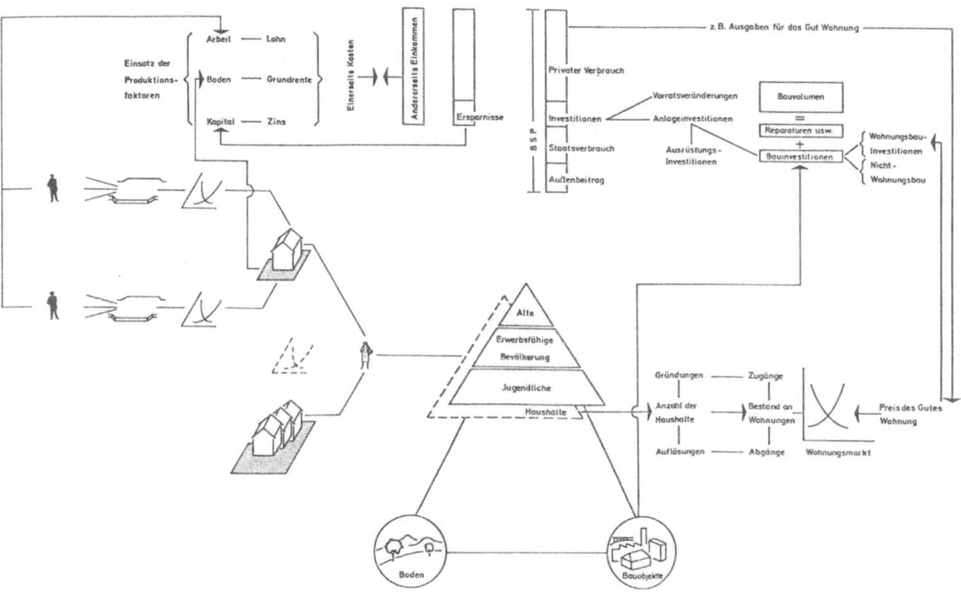

Bild 38:   Kreislaufdarstellung

In den Mittelpunkt der Betrachtung (siehe Bild 38 unten Mitte) stellen wir:

- die Bevölkerung und Bevölkerungsstruktur
- den Boden
- die Bauobjekte.

Unter den Faktoren, die jede Gesellschaft prägen, nimmt die Struktur und Entwicklung der Bevölkerung eine herausragende Stellung ein, weil durch sie - nämlich Größe, Zusammensetzung und Entwicklung - die spezifische Bedarfsstruktur und ihre Veränderung geprägt wird (Haushaltsstruktur). Die Anzahl der Haushalte, Gründungen und Auflösungen haben Auswirkungen z. B. auf den Bestand an Wohnungen, Zugänge und Abgänge und damit auf die Nachfrageseite des Wohnungsmarktes. Andererseits werden, wenn wir in Bild 38 nach links herübergehen, das Arbeitskräftepotential und die Beschäftigung beeinflußt. In Bild 38 oben zeigen wir auf, wie das Bruttosozialprodukt (BSP) entsteht und wie es verwendet wird, um dann über Bauinvestition den Kreislauf zu schließen. Damit werden auch die Zusammenhänge zu Bild 9, 10 und 11 besser verständlich.

Nun wären wir in der Lage, die im Kapitel 4.4 angesprochenen Probleme, als da sind:

- Leiharbeit, Sub-Subunternehmertätigkeit, Untergrundwirtschaft,
- Fehlentwicklungen durch staatliche Gebühren- oder Honorarordnungen
- Preisabsprachen
- Festpreisgarantie und Schlüsselfertiges Bauen in Verbindung mit GU/GÜ
- Kaußen-Syndrom
- Amtsuntreue
- Bauträgeruntreue, Bauherren-Modelle
- Wohnungsbauförderung in Berlin
- NH-Komplex

nicht nur aus der Froschperspektive zu sehen, sondern auch eine gesamtwirtschaftliche Rechnungslegung anzustellen.

Nach unseren bisherigen Untersuchungen können wir davon ausgehen, daß durch Fehlentwicklungen und deliktisches Verhalten innerhalb der

Bauwirtschaft der Gesamtwirtschaft jährlich beträchtliche Schäden entstehen.

Die gesellschafts- und wirtschaftsbezogene Rechnungslegung ist aber deswegen so schwierig, weil zumindest einige Bereiche zunächst zur Erhöhung des Sozialprodukts beitragen.

Durch PREISABSPRACHEN kommen überhöhte Preise zustande, weil sie dem Wettbewerbsdruck nicht ausgesetzt waren. Das Sozialprodukt steigt.

Durch die Untergrundwirtschaft entstehen dem Staat Steuerausfälle in Milliardenhöhe. Durch die geschickte Organisation einer Objektgesellschaft können über GÜ-Verträge überhöhte Kosten ausgewiesen werden - auch hier steigt das Sozialprodukt. Aus dem so erwirtschafteten Sozialprodukt muß der Staat jene Subventionen abzweigen, die einzelnen in der Gesellschaft zufließen (z. B. Objektgesellschaften), und über die sozial tragbare Miete den so begünstigten Mietern. Da hier auch Gruppen "bedient" werden, die höhere Mieten tragen können, kommt es zur Fehlbelegung. H. Sieber hat das vor Jahren schon trefflich beschrieben.

"Diese erfolgt zumeist durch Subventionierung, welche - soweit sie nicht inflationistisch finanziert wird und damit selber die Inflation anheizt - den Tatbestand einer staatlichen Umverteilung von Nominaleinkommen darstellt. Eine Umverteilung vom Steuerzahler zum Benützer des subventionierten Wohn- und Mietobjektes. Dabei kommt es bei großem Ausmaß dieser Politik in zunehmendem Maße dazu, daß die Wirtschaftssubjekte in ihrer Eigenschaft als Steuerzahler die Wohnung subventionieren, die sie in ihrer Eigenschaft als Subventionsnutznießer in Anspruch nehmen. Die Subventionierung wird damit teilweise z. B. des an die Maschine von Tinguely gemahnenden Pumpwerkes, welches von WILHELM RÖPKE beschrieben worden ist, des Pumpwerkes, mit dem der Staat unter beträchtlichem Verwaltungskostenaufwand dem Bürger Geld aus der rechten Tasche saugt, um es nicht nur Bedürftigen, sondern zum Teil ebenfalls den Besteuerten selber in die linke Tasche zu befördern. So oder anders wird auch in unserem Land als Folge der Inflation die Subventionierung des Wohnungsbaues immer mehr zu einer Daueraufgabe des Staates, die nicht bloß - wie in Zeiten stabilen Geldwertes - die Verbilligung des Wohnraumes für eigentliche Sozial-fälle, sondern für ausgedehnte Mieterkategorien zum Ziele hat." (24)

Wir haben in den vorhergehenden Kapiteln nachgewiesen, daß es vor allem auch die Denkweise ist, die wir uns in den letzten Jahrzehnten zugelegt haben, daß die Dinge aus dem Ruder laufen. Der Gewinn wird als etwas Schnödes angesehen, Kosten - auch überhöhte (siehe Herrschaftskosten) - zu überwälzen als etwas Normales, ja Anständiges. Der will ja nur seine Kosten erstattet wissen, sagt man so schlicht vor sich hin. Andererseits sollte das, was wir in der Basisperiode festgestellt haben, nicht in die Zukunft herübergeholt werden, sonst werden Teilsysteme zusammenbrechen, weil sie unbezahlbar geworden sind (vgl. Bild 39).

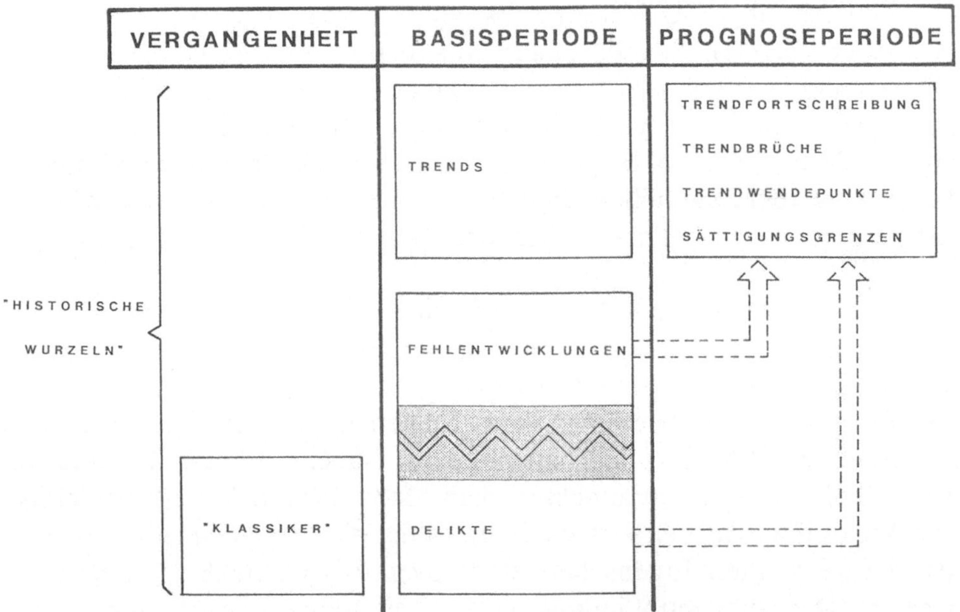

Bild 39: Die Problemschichtung in Vergangenheit, Gegenwart und Zukunft

Hier ticken einige Zeitbomben. Je länger wir abwarten, desto weniger werden wir dies politisch umsetzen können. Auch werden manche sagen, wenn man mit solchen Moralvorstellungen an die Bauwirtschaft herangeht, dann kann man gleich das Planen, das Bauen und das Investieren aufgeben. Da wird gern auf das Küchenbeispiel verwiesen, daß in jeder guten Küche auch etwas Schmutz ist. Es geht auch hier nicht um die kleinen Dinge, die immer wieder passieren und sich nicht restlos kontrollieren lassen. Es geht vor allem darum, daß der Staat durch seine Gesetzgebung den Humus deliktfördernder Strukturen abbaut (vgl. Bild 19) und sich weitere Bodenschichten etwas genauer ansieht.

Etwa um 1920 hat der Nationalökonom Götz Briefs den Begriff der "Grenzmoral" eingeführt und darunter "das gerade noch tragbare Mindestmaß des ethischen Verhaltens" verstanden. Dies wirft aber eine Reihe kritischer Fragen auf:

1. Wer befindet darüber?
2. Was ist der Inhalt solcher Grenzmoral-Vorstellungen?
3. Sollte man branchenspezifische Bräuche hinnehmen?

Meines Erachtens kann keine Gesellschaft auf Dauer gedeihen, deren moralisches Fundament auf einem Grenzmoral-Fundament ruht.

Wer seit 25 Jahren an einer Technischen Universität Bauwirtschaft und Baubetrieb lehrt, könnte in den beiden letzten Jahrzehnten den Eindruck gewonnen haben, hier wachse eine Generation nach, deren Moralvorstellungen besonders ausgeprägt sei. Die Aufhebung der Mietpreisbindung in Berlin, der Fall Antes & Co., ließ manche Vorlesung zu einem Hexenkessel werden. Im Wintersemester 87/88 habe ich zur Aufklärung der Zusammenhänge eine Veranstaltung mit dem gleichlautenden Titel "Trends, Fehlentwicklungen und Delikte in der Bauwirtschaft" angeboten. Gemeldet haben sich von über zweitausend Studenten acht, teilgenommen haben schließlich sieben. An Skandalen, Affären usw. sind viele interessiert, an einer Darstellung der Zusammenhänge nur wenige.

> "Zu glauben, die Welt sei von Bösewichtern bevölkert, heißt denken wie ein Menschenfeind. Sich einbilden, alle zweibeinigen Wesen ohne Federn seien Ehrenmänner, heißt sich wie ein Dummkopf täuschen."

Friedrich der Grosse, Politische Testamente

Fußnoten

1) Die Verwendung von Trends für Prognosezwecke erfolgt vor allem deshalb, weil man der Auffassung ist, daß die Grundrichtung einer Zeitreihe leichter vorauszusagen ist als ihre einzelnen Werte.

2) Schwind, H. D.: Krimonologie, Heidelberg 1986, S. 2

3) Sieben, G./Poerting, P.: Beiträge über Wirtschaftskriminalität, in: Schimmelpfeng Schriftenreihe, Band 11, Frankfurt a. M. 1979, S. 106

4) Langen, H., in: Wirtschaftskriminalität, Probleme im Gespräch 4, Bern und Frankfurt a. M. 1972, S. 9

5) Engels, W.: Prinzipienstreiterei, in: Wirtschaftswoche Nr. 50 (vom 5.12.1986), S. 168

6) Engels, W.: a.a.O., S. 168

7) Pfarr, K.H.: Baukalkulation auf der Grundlage von fixen und variablen Kosten, Wiesbaden - Berlin 1970, S. 15 ff.

8) Brüggemann, F.H.: Baumarkt - Enfant terrible der Marktwirtschaft?, in: Baupreis und Baumarkt, Wiesbaden - Berlin 1962, S. 23

9) Hass, W.: Die Erbauer des Domes zu Speyer. Bauherren - Architekten - Handwerker, in: Zeitschrift für Kunstgeschichte, München - Berlin 1966, Band 29, Heft 1, S. 228

10) Kirsch, W.M.: Das deutsche Verdingungswesen, Stuttgart 1936, S. 20

11) Kirsch, W.M.: a.a.O., S. 30

12) Wiedfeldt, O.: Statistische Studien zur Entwicklungsgeschichte der Berliner Industrie vom 1720 bis 1890, Leipzig 1898, S. 281/282

13) Ders., S. 282

14) Deutsches Jahrbuch über die Leistungen und Fortschritte auf den Gebieten der Theorie und Praxis der Baugewerbe, Leipzig 1874, S. 87

15) Rothacker, R.: Das Verdingungswesen, Karlsruhe 1919, S. 134

16) Deutsches Allgemeines Sonntagsblatt Nr. 48 vom 1. Dezember 1985

17) ebenda

18) ebenda

19) Vockert, R.: Das Baugewerbe in Leipzig vom 15. Jahrhundert bis zur Gegenwart, Berlin - Stuttgart - Leipzig 1914, S. 28

20) Müller/Wabnitz: Wirtschaftskriminalität, München 1982, S. 168 ff.

21) Pfarr, K.H.: Geschichte der Bauwirtschaft, Essen 1983, S. 139 ff.

22) Ennen, R.: Zünfte und Wettbewerb, Köln - Wien 1951, S. 115

23) Holzmann, Th.: Bauträgeruntreue und Strafrecht, Köln - Berlin - Bonn - München 1981, S. 2 ff.

24) Sieber, H.: Die Zerstörung der freien Wirtschaft durch ihre Anhänger; in: Der Schweizer Hauseigentümer Nr. 3/1973

Literatur

Zu 1.1   Pfarr,K H.: Grundlagen der Bauwirtschaft, Essen 1984

Zu 1.2   Matschke, M.J./Poerting, P.: Zum Begriff der
                Wirtschaftskriminalität, in: Betriebswirtschaftliche
                Forschung und Praxis, 1975, S. 385 ff.

                Mergen, A.: Tat und Täter, das Verbrechen in der
                Gesellschaft, München 1971

                Müller, R./Wabnitz, H.-B.: Wirtschaftskriminalität,
                München 1982

                Tiedemann, K.: Die Verbrechen in der Wirtschaft,
                Karlsruhe 1972, 2. Aufl.

                Zirpins, W.: Wirtschaftsdelinquenz; in: Kriminalistik,
                Jg. 1972

                Zirpins/Terstegen: Wirtschaftskriminalität, Lübeck 1963

                Zybon, A.: Wirtschaftskriminalität als gesamt-
                wirtschaftliches Problem, München 1972

Zu 2.1   Merten, H.-L.: Die Pleitemacher, München 1975

Zu 4.1   Feuchtwanger, S.: Staatliche Submissionspolitik in
                Bayern, Stuttgart u. Berlin 1910

                Hönn, G. P.: Betrugslexikon, Coburg 1724

                Huber, F.C.: Das Submissionswesen, Tübingen 1885

Zu 4.2   Mergen, A.: Die Persönlichkeit des Verbrechers im
          weißen Kragen; in: Wirtschaftskriminalität; Probleme im
          Gespräch 4, Bern/Frankfurt 1972, S. 27 ff.

Zu 4.4   I) Leiharbeit, Sub-Sub-Unternehmertätigkeit

          Mayer, U. - Paasch, U.: Arbeitnehmer 2. Klasse,
          Düsseldorf 1986

          Janssen, K.: Baupreise unter dem Druck des sozialen
          Anspruchsdenkens; in: Bauwirtschaft, Heft 18/1983,
          S. 692 ff.

          Schäfer, D./Wittmann, P.: Zur Abgrenzung und Erfassung
          der Schattenwirtschaft; in: Wirtschaft und Statistik 8/1985,
          S. 618 ff.

          III) Preisabsprachen

          Barnickel, H.-H.: Wettbewerbsbeschränkungen in der
          Bauwirtschaft; in: Wirtschaft und Verwaltung 1984/2,
          S. 90 ff.

          Czarnowski/Gutzler/Hoffmann/Strauch: Kartelle in der
          Bauindustrie. Eine Studie über Erscheinungsbild,
          Aufklärung und Verhinderung von Straftaten und
          Ordnungswidrigkeiten in der Bauwirtschaft, Reinbek bei
          Hamburg 1976

          Crome, H.: Erfahrungen mit Methoden und Systemen bei
          Preisabsprachen in der Bauwirtschaft; in: Die
          Bauverwaltung 2/1965, S. 87 ff.

          Eichler, H.: Submissionsabsprachen auf dem Bausektor
          zwischen Verwaltungsunrecht und Strafrecht; in: Der
          Betriebsberater 1972/Heft 31, S. 1347 ff.

          Finsinger, J.: Zur Stabilität von Submissionskartellen; in:
          discussion papers, Wissenschaftszentrum Berlin, 1983

Mörschel, W.: Zur Problematisierung einer Kriminalisierung von Submissionsabsprachen, Köln, Berlin, Bonn, München 1980

Röper/Barnickel/Franke/Pause/Kotthaus: Ordnungspolitische Probleme der Bauwirtschaft; in: Wissenschaftliche Arbeitsgemeinschaft für Technik und Wirtschaft des Landes Nordrhein-Westfalen, Nr. 232, 1983

VI) Amtsuntreue

Bund der Steuerzahler: Die öffentliche Verschwendung. Ein Schwarzbuch des Bundes der Steuerzahler I - XV

Bund der Steuerzahler: Der Amtsankläger

VII) Bauträgeruntreue, Abschreibungsgesellschaft

Holzmann, Th.: Bauträgeruntreue und Strafrecht, Köln - Berlin - Bonn - München 1981

Rossbach, A.: Die Unternehmung als Objekt und als Instrument krimineller Handlungen unter besonderer Berücksichtigung der Abschreibungsgesellschaften; in: Betriebswirtschaftliche Forschung und Praxis (1975)

Zu Exkurs   Eichstädt-Bohlig, F.: Übersubventionen - eine Berliner Krankheit; in: Der Tagesspiegel vom 20. April 1986, S. 56

Schlegel, J.: Entweder Risiko oder Kontrolle; in: Der Tagesspiegel vom 11. Mai 1986, S. 50

Zu 4.5   Ritter, G.: Gewerkschaften als Unternehmer, München 1987

Spiegel: Gut getarnt im Dickicht der Firmen 6/1982,
S. 92 ff.,
Das Geld lag auf dem Acker, 20/1982, S. 34 ff.
Ein eisenharter Knochen, 44/1986, S. 22 ff.
Die Verträge um die Neue Heimat; in: Der langfristige
Kredit, 21/1986, S. 659 ff.

Vietor, A.: Wohnungsbau und Finanzierungspolitik - heute
und morgen; in: Der langfristige Kredit, 9/1961, S. 387

Vormbrock, W.: Begrenzung der Risiken in der
Wohnungswirtschaft; in: Der langfristige Kredit, 4/1977,
S. 99 ff.